SU

Spirits in the Sky

Klassische Flugzeuge aus dem Zweiten Weltkrieg

KARL MÜLLER VERLAG

Bildmaterial: © Pilot Press Ltd
Übertragung aus dem Englischen: Jürgen Brust, M.A.
Redaktion: Dieter Krumbach
Printed in Hong Kong
ISBN 3-86070-201-7

Vorsatzblätter: P-47 Thunderbolt
Seite 1: Lancaster
2/3: Von links nach rechts: P-40 Kittyhawk, Spitfire, P-51 Mustang
4/5: B-17 Flying Fortress
6: Bombenzielgerät einer B-17
7: B-24 Liberator (oben), A6M Zero (unten)
8: Bf 109G
9: F6F Hellcat
10: P-51 Mustang (oben), B-29, B-17 und B-24 (unten)
11: B-24

Quellen:
Der Verlag hat sich bemüht, sämtliches unter Urheberrecht stehendes Material ausfindig zu machen, und hat, falls bekannt, die Zustimmung der Besitzer eingeholt.

Umschlag vorn: Interview mit James Goodson in Antenna, Zeitschrift von RAF Chicksands, 19. September 1986. Seite 12: Avenger at War von Barrett Tillman, Ian Allan, Shepperton 1979. Seite 16: „Kamikaze Song of the Warrior", Quelle unbekannt. Seite 20: Aerial Combat Escapades von J. Hunter Reinburg, GCBA Publishing, Arizona 1988. Seite 26: „I saw Regensburg Destroyed" von Beirne Lay Jr. in der Saturday Evening Post, Washington 1943. Seite 40: Nine Lives von Group Captain Alan Deere DSO, OBE, DFC, Hodder & Stoughton, London 1958. Seite 42: Interview des Autors mit Ernst Schröder. Seite 44: Back Every Friday von Air Marshal Peter Wykeham KCB, DSO, OBE, DFC, AFC. Seite 48: Interview des Autors mit Roland Baker. Seite 52: Hell Divers: US Navy Dive-Bombers at War von John F. Forsyth, Motorbooks International, Wisconsin 1991. Seite 56: Fighter Pilot von Wing Commander Paul Richey DFC, Leo Cooper, London 1950. Seite 60: The Bedford Triangle von Martin W. Bowman, Patrick Stephens Ltd, Somerset 1988. Seite 64: Enemy Coast Ahead von Wing Commander Guy Gibson VC, DSO, DFC, Michael Joseph Ltd, London 1946. Seite 78: Xavier von Richard Heslop, Hart-Davis McGibbon, London 1970. Seite 82: „Return to Florence" von First Lieutenant Benjamin McCartney, USAAF, in National Geographic, Washington, März 1945. Seite 86: The Last Enemy von Richard Hillary, Macmillan London Ltd, 1942. Seite 98: Mission Completed von Air Chief Marshal Sir Basil Embry GCE, KBE, DSO, DFC, AFC, Landsborough Publications. Seite 102: Schriftwechsel des Autors mit Captain Peter Hardiman. Seite 122: The Face of Victory von Group Captain Leonard Cheshire VC, Hutchinson & Co, London 1961. Seite 128: Schriftwechsel des Autors mit Captain Peter Hardiman. Seite 134: Way of a Fighter von Major General Claire Lee Chennault, Putnam, New York 1949. Seite 142: Fighter Pilot, herausgegeben von M. Ulanoff, Prentice Hall, New York.

Abbildungen:
Die Herausgeber danken den folgenden Personen und Gesellschaften für ihre wertvolle Hilfe bei der Entstehung dieses Buchs: Air Vice Marshal John Alison; Bob Anderson; Squadron Leader Colin Paterson, Chris Stevens und Andy Tomalin sowie Group Captain Cliff Spink OBE von The Battle of Britain Memorial Flight; Tony Craig und Peter Henley von British Aerospace PLC; Flight Lieutenant Charlie Brown; Derek Bunce; The Champlin Fighter Museum, Mesa, Arizona; Bill Bryan, Bill Clark, Joe Coleman, Bob und Bobby Collings, Jason und Ric Harmon; Craig McBurney, Rusty Restuccia, John Rising und Gary Young von The Collings Foundation; Mary Collins; Russ Anderson und Herschel Whittington von The Confederate Air Force; Susan D'Arcy und David Puttnam von Enigma Films Ltd; Chris Edmondson und Peter Jarvis von EAA Aviation; Paul Bonhomme, Nick und Steven Grey und Hoof Proudfoot von The Fighter Collection; Arthur Gibson; Frank Crosbie, David Henchie und Carole Stearn von The Imperial War Museum, Duxford; Paul Morgan; John Pitchforth von Nikon UK; Mark und Ray Henna von The Old Flying Machine Company; Charles Pereira; Rolf Meum, Lars Ness und Anders Saether von The Scandinavian Historic Flight; und Dale Donovan und Mike Hill von Strike Command Public Relations.

Alle Farbaufnahmen wurden von Patrick Bunce auf Kodachrome-Filmen von Kodak UK mit Nikon-Kameras und -Objektiven von Nikon UK aufgenommen.

Erläuterungen:
captain – Hauptmann
colonel – Oberst
fighter – Jäger
Fleet Air Arm – Marineflieger
lieutenant – Leutnant
Royal Air Force – Königlich Britische Luftwaffe
Royal Navy – Königlich Britische Marine
squadron, sqn – Staffel
US Air Force – US-Luftwaffe
US Navy – US-Marine
wing – Geschwader

Inhalt

Einleitung

Am 17. August 1942 führte Major Paul Tibbetts einen Verband von zwölf B-17-Bombern „Flying Fortress" (Fliegende Festung) von East Anglia nach Rouen in Frankreich, wo sie den ersten schweren amerikanischen Bombenangriff auf das besetzte Europa flogen. Dies war erst der Anfang, und ihre Bombenladung war eher bescheiden. Tibbetts Bombenschütze bei diesem ersten Angriff war Tom Ferebee. Auf den Monat genau drei Jahre später war der gleiche Bombenschütze wiederum an Bord von Tibbetts „Enola Gay", einer Boeing B-29 Superfortress aus dem Stützpunkt Tinian auf den Marianen. Diesmal bestand die Ladung aber aus der ersten amerikanischen Atombombe, die im Krieg gegen Japan auf Hiroshima abgeworfen werden sollte.

Mehr als 45 Jahre danach wird diese Szene einmal im Jahr von der „Fifi" der Confederate Air Force, der letzten flugtauglichen B-29 auf der Welt, nachgestellt. Solche Flugzeuge sind lebendige Zeugen für die großen Luftschlachten des Zweiten Weltkriegs. Heute werden die Schlacht um England, Pearl Harbour und die Flugzeugträgerschlachten des Pazifik in dramatischen Vorführungen nachempfunden.

1940 brach der deutsche Blitzkrieg über Holland, Belgien und Frankreich herein, und die Wehrmacht stand vor dem Sprung über den Ärmelkanal. Zwischen dem Überleben von Großbritannien und dem totalen Sieg der Deutschen standen nur noch ein paar hundert britische Piloten und Freiwillige aus Amerika und den besetzten europäischen Ländern, tatkräftig unterstützt von Tausenden Männern und Frauen in Verteidigungsstellungen, Flugzeug- und Munitionsfabriken. Schließlich gelang ihnen das Unmögliche. Schnittige Spitfire, knallharte Hawker Hurricanes und ein paar Gloster Gladiator-Doppeldecker, in der Stunde der Not aus allen Teilen des Landes zusammengeholt, standen zur Abwehr bereit. Mit vereinten Kräften gelang es ihnen, die massierten Verbände der Messerschmitt Bf 109 und 110, der Heinkel und Dornier zurückzuschlagen.

Am Sonntag, den 7. Dezember 1941, nach dem Angriff der Japaner auf den Marinestützpunkt Pearl Harbour auf der Insel Oahu, war Amerikas brüchige Neutralität endgültig am Ende. Verbände von Mitsubishi-Zero-Jägern und Nakajima-Kate-Torpedobombern hatten Oahu erreicht, sich aufgeteilt und im Tiefflug ihre Kanonen auf die P-40-Warhawks und PBY-Catalinas auf dem Flugplatz Wheeler und Kanaohe abgefeuert. Die Bomber hämmerten auf Hickam ein. Torpedobomber und Aichi-Val-Sturzkampfbomber griffen die Schlachtschiffe in Pearl Harbour an. Die USS Arizona explodierte in einem Schwall von Rauch und Flammen, und innerhalb von 25 Minuten waren sieben weitere Schlachtschiffe zerstört oder beschädigt.

Dieses „Tora"-Szenario, mit dem die Schlacht um Pearl Harbour nachgespielt wird, steht im Mittelpunkt der Schau der Confederate Air Force (CAF). Eine echte Zero wird begleitet von mehreren AT-6 Texan, die in den Farben der Kaiserlichen Japanischen Luftwaffe bemalt sind, und Vultee Valiant sind auf Kate-Torpedobomber getrimmt. Sie heben in Scharen ab, formieren sich und zeigen spektakuläre Sturzflüge, während Raketen in den Himmel steigen. Die Piloten, einige mit japanischen Stirnbändern, simulieren Luftkämpfe mit ihren Grumman Wildcat und P-40 Warhawk, während die Bomber über ihnen kreuzen. Wo sonst sieht man fünf B-25, die den berühmten „Doolittle-Angriff" vom 18. April 1942 auf Tokio nachspielen, oder Grumman Wildcats und Hellcats, die sich in Erinnerung an die pazifischen Luftschlachten von 1942-1945 mit japanischen Zeros duellieren?

Das bunte Spektakel der restaurierten Jäger und Bomber läßt oft die Erinnerung an die verbissenen Luftkämpfe an allen Kriegsschauplätzen verblassen. Die wenigsten denken an die eiskalten Wetterbedingungen in großer Höhe, an MGs mit Ladehemmung, stillstehende Propeller oder zersplitterte Heckflossen, wenn sie die perfekt wiederaufgebauten Maschinen sehen. Fliegen dort wirklich eine Westland Lysander und eine P-40 Kittyhawk? Es scheint unglaublich, daß sie überlebt haben und eine neue Generation von Enthusiasten begeistern. Viel haben wir den Restaurateuren zu verdanken, die in Tausenden von Stunden verschlissene Flugzeugzellen reparieren und im ganzen Land nach einem fehlenden MG, einer Plexiglas-Haube oder einem Spornrad suchen.

Die Kriegsveteranen haben in jeder Ausstellung einen Ehrenplatz, sei es in Abbotsford, Kanada, in Duxford, Cambridgeshire (wo The Old Flying Machine Company und The Fighter Collection zu Hause sind) oder in der Shuttleworth Collection im ruhigen Old Warden im Herzen von Bedfordshire in England. Die Shuttleworth Collection ist stolzer Besitzer mehrerer restaurierter Veteranen, darunter eine Gloster Gladiator und eine Supermarine Spitfire. Bei Ausstellungen kommt auch eine de Havilland Mosquito dazu, wegen ihrer Konstruktion „hölzernes Wunder" genannt. Bei diesen Ahnen der Luftfahrt drehte sich noch alles um Kolben und Propeller. In Amerika verfolgt ein begeistertes Publikum die Mustangs, Bearcats und andere bei ihrem Rundflug um Reno. In Whittman Field, Oshkosh, im Agrarstaat Wisconsin findet jedes Jahr die Schau der Experimental Aircraft Association (EAA) statt, die größte ihrer Art in der Welt. Tausende von Maschinen treffen sich dort jedes Jahr, darunter viele Kriegsveteranen. Zu den berühmtesten zählt die kürzlich restaurierte B-24J Liberator „All American" aus der

Collings Foundation. Im Jahr 1943 starteten Liberators in Wüstentarnung von Nordafrika aus zu einem selbstmörderischen Tiefflugangriff auf die rumänischen Ölfelder in Ploiesti. 1990, während die „All American" die Meisterschaften in EAA Oshkosh und EAA Lakeland gewann, trugen ihre modernen Nachfolger die gleiche Wüstentarnung für den Golfkrieg.

Auf dem Liegeplatz stehen die F4U Corsair und die Bf 109 makellos in ihren Tarnkleidern da. Erst wenn das kehlige Grollen der Motoren ertönt und die Propeller angeworfen werden, spürt man ihre gewaltige Kraft. Eine Martin Marauder und eine Avenger rollen aus und ziehen eine Wolke aus Staub und Gras hinter sich her; ihre Propellerblätter schneiden durch die Luft wie mittelalterliche Schwertkämpfer. Das wollen die Leute sehen. Geschichte in Bewegung, Verbände in der Luft, eine scheinbar endlose Prozession aller Farben und Formen.

Es gibt keinen schöneren Anblick als eine B-24 in einer Formation mit einer B-17 und einer Lancaster. Diese einzigartige Darbietung zeigt das National Warplane Museum in seiner jährlichen Luftfahrtschau in Geneseo, New York. Die B-17G „Fuddy Duddy" aus Geneseo und die Lancaster von der Canadian Warplane Heritage aus Hamilton, Ontario, auf der anderen Seite der Grenze starten auf der buckligen Graspiste mit der Eleganz einer plumpen kanadischen Gans, bevor sie endlich langsam abheben und sich Dave Tallichets B-24 „Delectable Doris" anschließen. Die bunt gestreiften Festzelte mit ihren Flaggen sind am Boden verteilt wie mittelalterliche Turnierzelte. Zwei P-51D Mustang, gewandet in Chrom, Silber und Blau, schießen vorbei wie gepanzerte Ritter auf ihren Rössern.

Nach der Schau gibt es Rundflüge und Steaks. Eine Kapelle aus dem Ort spielt auf, und die älteren Mitglieder tanzen unbefangen im Stil der 40er Jahre. Catalinas und Fortresses rollen vorbei, und das Küchenzelt weht unter ihrem Propellerstrahl wie in einer Szene aus M*A*S*H* oder „Catch 22". Yankees und Konföderierte sitzen an einem Tisch, aber diesmal handelt es sich nicht um den Bürgerkrieg, sondern um die Yankee Air Force und die Confederate Air Force.

In Frankreich findet die Luftfahrtschau La Ferte Alais der Jean Salis Collection jährlich auf einer Wiese in der Nähe von Cerney statt. Wenn nicht die Zuschauer wären, könnte man fast glauben, in einer Szene aus „The Blue Max" gelandet zu sein. Ein Fieseler Storch aus Schweden und eine CASA 1112 mit Merlin-Triebwerk, grau-grün gesprenkelt wie die Bf 109, verbreiten internationales Flair. Die F8F Bearcat mit ihrem mächtigen Triebwerk und die englischen Spitfire und Hurricane sowie die B-25 Mitchell und eine P-47 Thunderbolt ziehen die Zuschauer in Scharen an. Im Zweiten Weltkrieg trug die P-47 den Spitznamen „Jug" (kurz für den indischen Gott Jagannath), weil sie als lebensgefährlich galt. Die Sammlung selbst präsentiert stolz ihre eigene F4U-5NL Corsair und zwei P-51D Mustang, „Jumping Jacques" und „Empire of the Sun" – sie trat auch in dem gleichnamigen Film auf.

Es ist zwar ein eindrucksvolles Erlebnis, die Veteranen

vom Boden aus zu beobachten; die richtige Stimmung kommt jedoch erst auf, wenn man sie aus der Luft fotografiert. Die B-17G „Sentimental Journey" von der CAF Arizona ist dafür bestens geeignet. Der Start läuft ganz sanft ab, und wenn das Geräusch eines kochenden Teekessels ertönt, verschwindet das Spornrad in seinem Schacht direkt hinter der Cheyenne-Heckkanzel. Vor uns fliegt die B-25 Mitchell „Devil Dog", links die „Texas Raiders" und hinter uns zwei P-51 zur Luftraumsicherung. Die Formation zieht sich zusammen, und die „Texas Raiders" verschwindet hinter dem riesigen Flügel und den mächtigen Wright-Cyclone-Triebwerken der Boeing. Ein paar Zentimeter neben dem Plexiglas-Bug kreisen die Hamilton-Propeller. Im Krieg nutzten die Flugzeugführer die Vorteile der engen Formation, um ihre Überlebenschancen zu erhöhen. „Devil Dog" hält ihre Position an der Spitze, während die zwei P-51 hinter uns wie verspielte junge Hengste von einer Seite auf die andere schießen und schwänzeln.

Die Formation wendet, und es tauchen bedrohliche Wolken auf – nein, keine Flak, sondern eine dichte weiße Wolkendecke. Bei 2500 Fuß löst sich „Sentimental Journey" aus

der Formation und läßt ihre großen und kleinen Freunde zurück. Die Piloten kommen bei ihrer Schwerstarbeit ins Schwitzen. Wie anders war es doch im Krieg, als die Bomberbesatzungen der 8th Air Force es bei großer Höhe vor Kälte kaum aushielten. Ein Funker ließ eine Apfelsine fallen und sah zu seiner Verblüffung, daß sie wie Glas auf dem Boden zersplitterte.

Bereit zur Landung! Zurück durch die enge Kabinenluke, auf dem schmalen Steg über dem Bombenschacht. Alles ist äußerst mühselig. In der schweren Fliegerkombi muß es eigentlich unmöglich gewesen sein. In einer Abwärtsspirale mit ausgeschalteten Triebwerken war die B-17 der fast sichere Tod für die meisten Besatzungen.

„Sentimental Journey“ aber erfüllt heute ihren Auftrag. Kein beißender Rauch aus ihren MGs, und der Boden ist auch nicht mit Geschoßhülsen übersät. Sie landet so sanft, daß man stehenbleiben könnte, während sie aufsetzt. Die vielen winkenden und begeistert rufenden Zuschauer lassen die Heimkehr der „Memphis Belle“ 1943 noch einmal aufleben. 30 Einsätze und dann ab nach Hause!

Luftaufnahmen, wie sie in diesem Buch zu sehen sind, sind keineswegs ungefährlich. Die Neuverfilmung von „Memphis Belle“ hatte gerade begonnen, als „Lucky Lady“, eine B-17 aus Frankreich, ihr Triebwerk Nr. 1 verlor. Der fünfte Zylinder hatte sich festgefressen und flog vollständig weg. Die Motorhaube rollte sich auf wie eine geschälte Banane und flog auf ein Feld, nicht ohne vorher noch ein Stück vom Höhenleitwerk der B-17 wegzureißen. Stephen Grey, dem Piloten der daneben fliegenden Mustang, gelang es unter Aufbietung aller seiner Künste, den Trümmern auszuweichen. „Lucky Lady“ kehrte mit drei Triebwerken sicher nach Duxford zurück. Auf dem britischen Stützpunkt Binbrook kam es noch schlimmer. Am 25. Juli 1989 verunglückte eine andere französische B-17 beim Start. Alle 10 Passagiere und die Besatzung konnten sich gerade noch aus den Trümmern retten, bevor das Flugzeug ausbrannte.

Im Zweiten Weltkrieg waren solche Szenen auf den Flugplätzen der 8th und 9th Air Force in England keine Seltenheit. Die Verhältnisse dort waren sehr rauh, und so begannen die GIs, Nissenhütten, Kantinen und Einsatzbesprechungsräume mit bunten Kunstwerken zu versehen, um etwas Farbe in ihr Leben zu bringen.

Die Bilder sind längst verschwunden. Zum Glück droht den historischen Flugzeugen kein ähnliches Schicksal. Gebaut im Krieg, restauriert im Frieden, werden sie dank ihrer begeisterten Anhänger noch lange leben.

TBF/TBM Avenger

„Wir tauchten über die linke Seite des Schirms ab und durchbrachen das Luftabwehrfeuer. Mit über 400 km/h näherten wir uns in 400 Fuß Höhe dem Torpedoabwurfpunkt. Der Konvoi eröffnete das Feuer, aber da war es schon zu spät."

Larry French flog im Krieg einen der klassischen Torpedobomber – die Grumman Avenger –, die nach ihrem niederschmetternden Debüt bei der Schlacht um die Midway-Inseln schließlich doch noch die absolute Luftherrschaft über dem Pazifik errang. Ebenso kühn kämpfte sie von den Trägern im trügerischen Nordatlantik und wurde von der Royal Navy und den US Marines in zahlreichen Einsätzen bis zum endgültigen Sieg geflogen.

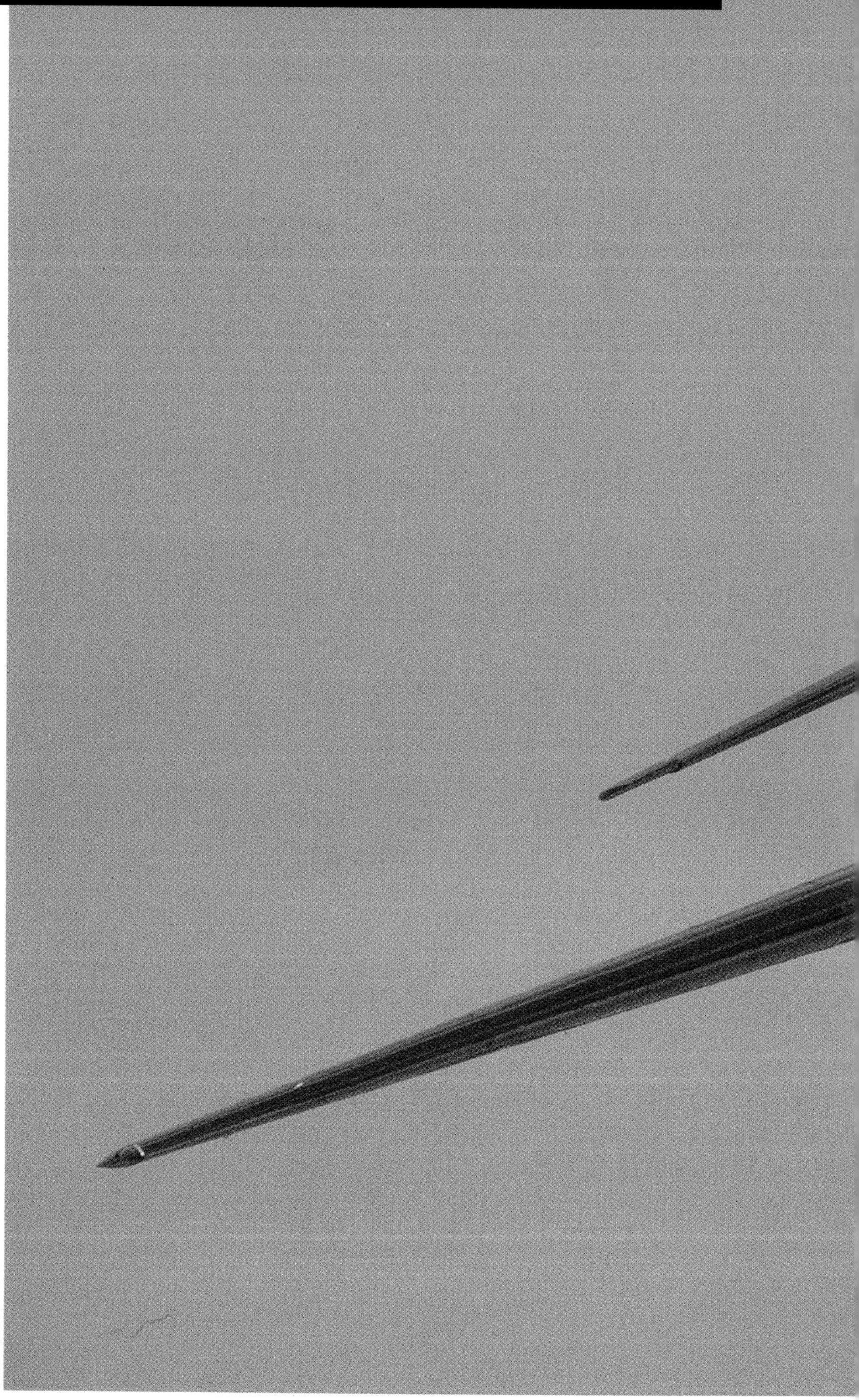

Eine restaurierte Avenger in voller Beschleunigung bei einer Schau historischer Flugzeuge. Mit dem amerikanischen „Arsenal der Demokratie" wurde die Produktion neuer Torpedobomber für Atlantik und Pazifik enorm gesteigert, um den „Tag der Schande" von Pearl Harbour zu rächen.

Die Motorhauben stehen offen wie die Kiemen von Killerhaien, zwei Avenger zittern und schütteln sich unter der Kraft ihrer voll aufgedrehten Wright-Cyclone-Sternmotoren. Sechs TBF-1 waren die ersten, die im Mai 1942 bei der mutigen Verteidigung der Midway-Inseln zum Einsatz kamen. Sie starteten zu einem selbstmörderischen Angriff auf die japanische Invasionsflotte, und bis auf einen wurden alle Torpedobomber zerstört.

Hersteller: Grumman Aircraft Engineering Corporation.
Typ: Dreisitziger Torpedobomber.
Triebwerk: Ein zweireihiger 14-Zylinder-Wright R-2600-8- oder -20-Cyclone-Sternmotor mit 1700 bzw. 1900 PS.
Maße: Spannweite 16,5 m; Länge 12,2 m; Höhe 5 m; Flügelfläche: 45,52 m^2.
Gewicht: Leer (TBF-1) 4850 kg; (TBM-3) 4787 kg; beladen (TBF-1) 7214 kg; (TBM-3) 8278 kg; (TBM-3E) 8117 kg.
Leistung: Höchstgeschwindigkeit (TBF-1) 445 km/h; (TBM-3) 430 km/h; Anfangssteigleistung (TBF-1) 376 m/min; Flughöhe (TBF, TBM-1 bis -3) ca. 7132 m; (TBM-3E) 9175 m; Reichweite mit voller Waffenzuladung 1600 – 1950 km.
Bewaffnung: (TBF-1, TBM-1) ein 7,62-mm-Browning-MG vorn oben, ein 12,7-mm-MG im Waffenturm auf dem Rumpfrücken und ein manuell gezieltes 7,62-mm-MG hinten unter dem Rumpf; Innenschächte für ein 560-mm-Torpedo oder max. 907 kg Bomben; TBF-1C, TBM-1C und TBM-3 zusätzlich mit einem 12,7-mm-MG außen an jeder Tragfläche und Schienen unter den Tragflächen für acht 27-kg-Raketen.

Abbildungen unten (von oben nach unten): Diese TBF-1 vom VT-8 der USS Hornet überlebte als einzige von sechs Avengers den ersten Einsatz der Gruppe. Darunter eine von 400 Mk II der Royal Navy. Auffällig die Kennzeichnungen für den Tag X der Landung in der Normandie.

F8F Bearcat

„Dienst du auf dem Meer, sollst du ein Leichnam getränkt mit Wasser sein, auf dem Land ein Leichnam mit Unkraut überwachsen, dienst du aber in der Luft, sollst du ein Leichnam sein, der den Himmel herausfordert."

Der Nachfolger von Grummans Hellcat sollte das „Kamikaze-Lied der Krieger" (siehe oben) verstummen lassen. Er sollte die Kamikaze-Flieger zerstören, die sich selbstmörderisch auf die pazifische Flotte stürzten, als sie sich Japan von allen Seiten näherte. Die Sonne ging jedoch für die Söhne der sieben Samurais schon unter, bevor der stämmige Marinejäger seine ungestüme Kraft gegen den Feind entfesseln konnte.

Die Sonne spiegelt sich in der hochglanzpolierten rechten Tragfläche der Bearcat, die winzig erscheint gegen den endlosen blauen Himmel. Ihr mächtiger Pratt&Whitney-Sternmotor treibt die vier Propellerblätter an. Die Bearcat ist das Glied in der Kette zwischen den großen Kampfflugzeugen aus dem Zweiten Weltkrieg und den ersten Düsenjägern, die sie in Indochina oft noch an Leistung übertraf.

100

„Oh, ich habe die verdrießlichen Bande der Erde verlassen. Und bin auf fröhlich-silbernen Flügeln in den Himmel getanzt: Ich bin zur Sonne emporgestiegen und habe mich dem fröhlichen Raufen der sonnenzerschlitzten Wolken hingegeben – und hundert Dinge getan.“ Das berühmte Gedicht „Hoher Flug“ von John Gillespie McGee spiegelt die Stimmung dieser Szene wider. Die Bearcat schwebt majestätisch in den Wolken.

Hersteller: Grumman Aircraft Engineering Corporation.
Typ: Einsitziger trägergestützter Jagdbomber oder Nachtbomber.
Triebwerk: Ein 18-Zylinder-Sternmotor vom Typ Pratt&Whitney R-2800-34W Double Wasp mit 2400 PS (mit Wassereinspritzung) beim Start und 2800 PS kurzfristiger Kampfleistung.
Maße: Spannweite (-1) 10,8 m, (-2) 10,7 m; Länge (-1) 8,61 m; (-2) 8,43 m; Höhe 4,2m; Flügelfläche: 22,67 m^2.
Gewicht: Leer (-1) 3206 kg; beladen (-1) 5873 kg; (-2) 6120 kg.
Leistung: Höchstgeschwindigkeit (-1) 680 km/h; (-2) 720 km/h; Anfangssteigleistung 1520 m/min; Flughöhe 12 190 m; Reichweite mit Innentankkraftstoff (-1) 1775 km; (-2) 1400 km.
Bewaffnung: (-1) vier 12,7-mm-Browning-MGs an den Innenflügeln neben dem Propellerkreis, Außenlastträger unter den Innenflügeln für zwei 454-kg-Bomben, Abwurftanks oder Raketen; (-1B, -2) vier 20-mm-M-2-Kanonen und gleiche Waffenzuladung.

Abbildung unten: Eine F8F-1 des GCII/21 „Auvergne" der französischen Luftwaffe, die zwischen 1953 und 1954 auf dem Stützpunkt Tan Son Nhut in Indochina stationiert war. In Dien Bien Phu war sie durch ihre geringe Reichweite arg im Hintertreffen, und daher überließen die Franzosen sie der soeben gegründeten vietnamesischen Luftwaffe.

F4U Corsair

„Die erste Zero schoß direkt auf mich zu. Bei ungefähr 450 Metern drückte ich ab. Meine Leuchtspuren schossen in sein Triebwerk. Ich habe nicht einmal gemerkt, ob meine Corsair von seinen Kugeln getroffen wurde."

Die Piloten der Fleet Air Arm (Marineflieger) zähmten die heiße Corsair mit ihren Möwenflügeln erst einmal über See, bevor die „Ledernacken" des US Marine Corps wie Major Hunter Reinburg ihre ungeheuren Kämpferqualitäten gegen die Japaner einsetzten. Schneller als die Zero beim Horizontalflug und ihr auch im Sturzflug überlegen, wurde das Biest mit dem Double-Wasp-Triebwerk von den Japanern bald als „Pfeifender Tod" bezeichnet.

Lindsay Walton manövriert seine kräftige Corsair in eine enge Kurve durch eine Rauchwolke über North Weald und zeigt seine schwarz-gelben Suez-Identifikationsstreifen und die Marinefliegerabzeichen. Voughts siegreicher Jäger aus den Pazifikschlachten war eines der berühmtesten Flugzeuge von US Navy und US Marine Corps im Zweiten Weltkrieg und sogar in Korea noch erfolgreich.

1945 wäre dies ein ermutigender Anblick für die hart kämpfenden Marines gewesen, die die Japaner von den besetzten Inseln im Pazifik vertrieben. Hier jedoch simulieren die drei berühmten Corsairs, geflogen von Lindsay Walton (unten links) und Piloten der The Fighter Collection und der Old Flying Machine Company, für die Kameras in Duxford einen Tiefflugangriff auf einen Flugplatz.

Nach einem langen, harten Tag klappten die im Pazifik kämpfenden Corsairs ihre Flügel zum Nachtlager auf der USS Aatu ein. Hier in Duxford jedoch scheint die FG1D aus der The Fighter Collection, die immer noch die Seriennummer der US Navy aus dem Krieg auf ihrem Leitwerk trägt, sie nur einzuklappen, um ihren glänzenden blauen Lack vor der brennenden Nachmittagssonne zu schützen.

Mit ausgefahrenen Klappen und Fahrwerk, die berühmten gekreuzten Knochen mit dem Totenkopf hinter dem wirbelnden Propeller sichtbar, setzt diese FG1D in Duxford zur Landung an. Sie trägt die Kennzeichnungen von Lieutenant Ira Kepford, der im Krieg 16 japanische Flugzeuge abgeschossen hat. Die jetzt zur The Fighter Collection gehörende Corsair flog 1945 bei der US Navy und wurde über den Marianen im Gefecht eingesetzt.

Hersteller: Chance Vought, Abteilung der United Aircraft Corporation.
Typ: Einsitziger trägergestützter Jagdbomber.
Triebwerk: (F-4U1) Ein zweireihiger 18-Zylinder-Sternmotor vom Typ Pratt&Whitney R-2800-8 (B) Double Wasp mit 2000 PS; (-1A) R-2800-8 (W) mit Wassereinspritzung und 2250 PS; (-4) R-2800-18W mit Wasser-Methanol und 2450 PS; (-5) R-2800-32 (E) mit Wasser-Methanol und 2850 PS; (F2G) vierreihiger 28-Zylinder-Sternmotor vom Typ Pratt&Whitney R-4360 Wasp Major mit 3000 PS.
Maße: Spannweite 12,48 m; Länge 10,27 m; (-1, -3) 10,15 m; (-5N, -7) 10,5 m; Höhe (spätere Ausführungen): 4,49 m; (-1, -2) 4,8 m; Flügelfläche: 29,17 m².
Gewicht: Leer (-1A) 4025 kg; (-5, typisch) 4490 kg; Höchstgewicht beladen (-1A) 6350 kg; (-5) 6840 kg; (AU-1) 8798 kg.
Leistung: Höchstgeschwindigkeit (-1A) 635 km/h; (-5) 744 km/h; Anfangssteigleistung (-1A) 880 m/min; (-5) 1463 m/min; Flughöhe (-1A) 11 280 m; (-5) 13 400 m; Reichweite mit Innentankkraftstoff (im Durchschnitt) 1609 km.
Bewaffnung: Sechs 12,7-mm-Browning-53-2-MGs an den ausklappbaren Außenflügeln. Die -1C hatte vier 20-mm-Kanonen; die -1D und die meisten späteren Modelle trugen einen 661-Liter-Abwurftank und zwei 907-kg-Bomben oder acht Raketen.

Abbildungen unten: (von oben nach unten): Corsair I des 1835. Sqn der Royal Navy in Nova Scotia (Kanada) gegen Ende 1943; F4U-1A des 17. Sqn der neuseeländischen Luftwaffe in Guadalcanal im August 1944.

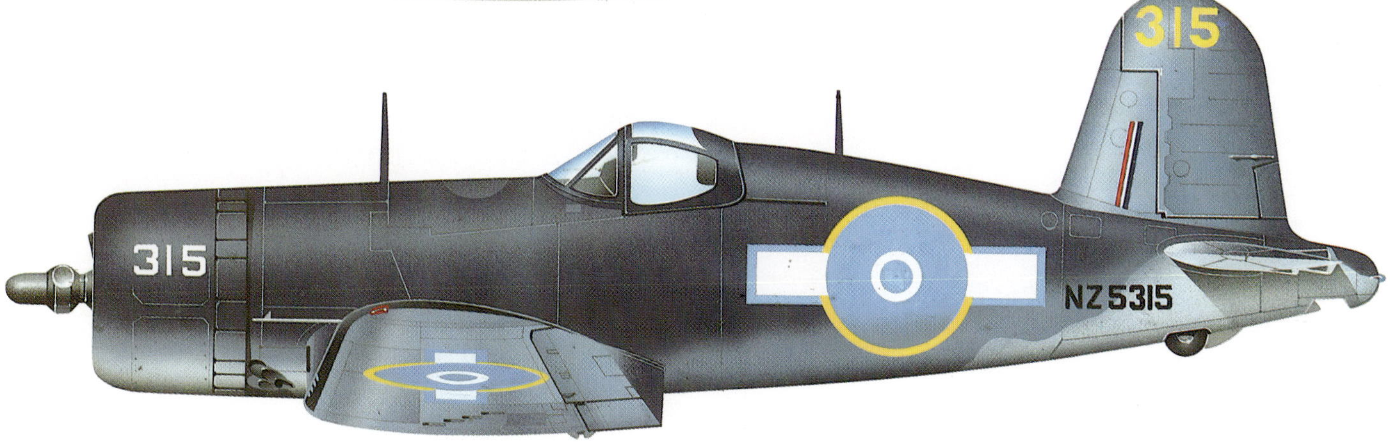

B-17 Flying Fortress

„Seine rechten ‚Tokio-Tanks' standen in Flammen. Die Fortress fiel in einer halben Kurve zurück und verschwand dann aus der Sicht, mit dem Bauch zum Himmel und die Flügel von gelben, dichten Flammen eingehüllt."

Es gibt kein beeindruckenderes Zeugnis als „Ich sah die Zerstörung von Regensburg" von Beirne Lay, der die langen, mühseligen Pendelflugeinsätze 1943 mit stoischem Gleichmut ertrug. Voller Stolz beschreibt er, wie die „Königin der Lüfte" von ihrem Angriff auf die „Festung Europa" nicht mehr zurückkehrte. Getan werden mußte es, ganz gleich wie hoch und schrecklich die Kosten waren.

In einer Szene, die an die prekären Tage des Zweiten Weltkriegs in England erinnert, wo die B-17 ihre ersten Einsätze mit der Royal Air Force flogen, wartet Bob Collings' bekannte Fortress „Nine-O-Nine" ungeduldig auf ihrem durchnäßten Liegeplatz. Trotz hoher Verluste dominierte Boeings „Vogel mit dem dicken Hintern" von 1942 bis 1945 die amerikanischen Tageslichtbombardierungen auf Deutschland.

„Sentimental Journey“, im Besitz des Arizona-Geschwaders der Confederate Air Force, legt sich unter uns schräg und zeigt auf ihrem rechten Flügel das berühmte „Dreieck mit U“, die Kennzeichnung der 457. Bomb Group aus den Kriegstagen. Die Gruppe mit dem Spitznamen „Fireball Outfit“ flog ihre Einsätze im Rahmen der 8th Air Force von Glutton in England aus. Die charakteristische Bugbemalung zeigt eine freche Pose von Betty Grable.

Beim Flug in der engen Formation wäre dies der höchst unwillkommene Anblick für den ersten Bombenschützen, während er das Fadenkreuz seines Norden-Bombenzielgeräts über einem feindlichen Ziel ausrichtet. Diese Aufnahme der „Nine-O-Nine" – dies sind die letzten drei Ziffern ihrer Seriennummer – stammt jedoch aus einem friedlichen Einsatz, trotz der beträchtlichen Bombenladung.

Bei dieser abenteuerlichen Zusammenkunft von grün gesprenkelten Flying Fortresses, die unbeirrt in den Himmel steigen, handelt es sich nicht um eine Szene in East Anglia aus dem Jahr 1942, sondern um Aufnahmen aus dem Film „Memphis Belle“. Fünf überlebende Flugzeuge aus den USA, England und Frankreich haben die Einsätze von Duxford und Binbrook aus nachgespielt.

Spektakuläre Action-Szenen waren bei „Memphis Belle“ an der Tagesordnung. Gefilmt wurde in England im Sommer 1989. Diese Aufnahme der „Sally B“, die über uns fliegt, wurde aus dem eiskalten Funkraum von Dave Tallichets B-17 in 3962 m Höhe aufgenommen. Genausogut könnte es sich um B-17 handeln, die 1942 für einen Angriff auf die U-Boot-Liegeplätze in St. Nazaire oder Brest in die Höhe steigen.

Bob Collings' „Nine-O-Nine" schießt wie ein Jäger über eine Landschaft, die dem Dschungel von Neuguinea ähnelt, wo einige wenige B-17 es tapfer mit der Übermacht der Japaner aufnahmen. Bei ihrer Invasion zerstörten die Japaner den Stützpunkt Clark und überrannten Niederländisch-Indien in den ersten Schlachten des erbarmungslosen Krieges im Pazifik.

Erinnerungen an „The Best Years of Our Lives“ kommen bei diesem großartigen Anblick der „Nine-O-Nine“ auf, die tief über ostenglischen Feldern fliegt. Aufgenommen wurde sie von dem gefährlichen Platz der Unterrumpfkanzel der „All American“. Nur wenige Kanoniere konnten in der winzigen, einsamen Kanzel, die beim Absuchen des Himmels wie verrückt rotierte, einen Fallschirm tragen.

Ein goldener Sonnenuntergang über Norfolk nach einem wunderschönen Sommertag. Während des Angriffs auf Deutschland gingen viele Soldaten über Flugplätze wie diesen bei Framlingham, um ihre wartenden Bomber zu besteigen, die Kanonen zu laden und die Motoren anzuwerfen. Ihr markerschütterndes Grollen lag meilenweit über der friedlichen Landschaft, bis schließlich der Himmel schwarz von startenden Flugzeugen war.

In schaurigen Kontrolltürmen wie Lavenham schleichen die Gespenster herum; das Getrampel der Stiefel und das Husten der Motoren ist immer noch zu hören, lange nachdem die Flugzeuge in der Schrottpresse gelandet sind. Thorpe Abbots und Parham sind inzwischen Museen und wecken ergreifende Erinnerungen an die Zeiten, als besorgte Zuschauer den Horizont nach der hoffentlich sicher zurückgekehrten „Gruppe“ absuchten.

Unterrumpfkanzeln und olivgrüne Bomben, angeordnet zu einem ungewöhnlichen Stilleben, während der Verfilmung von „Memphis Belle“. Die Unterrumpfkanzel war so ziemlich der ungemütlichste Platz an Bord einer B-17. Wenn der Kanonier erst einmal Platz genommen hatte, saß er eingesperrt wie ein Tier in einer Höhle und schlug teilweise Purzelbäume, während er die Kanonen nach unten zwischen seine Füße abfeuerte.

„Baby Ruth“, „Mother Country“ und „Memphis Belle“ posieren wie für eine Zugabe, die Nasen hoch aufgerichtet. Die Verfilmung verlief realistischer als geplant. „Baby Ruth“ wurde dabei zerstört, und eine B-17 warf im vollen Flug eine Motorhaube ab. Die Kunstwerke am Bug wurden immer wieder geändert, um eine ganze Reihe verschiedener Maschinen darzustellen.

Dieser nervenaufreibende Anblick, den der Navigator auf die linken Wright-Cyclone-Triebwerke genießt, weckt Assoziationen an klemmende Propeller und den dichten schwarzen Rauch, der nach einem Jägerangriff durch den Sog gezogen wird, während gleichzeitig der mittlere MG-Schütze mit dem harten Stakkato und der langgezogenen gelben Flamme aus der Mündung seines 12,7-mm-Browning-MG antwortet.

Als die Wolken des Krieges sich über Europa endlich lichteten, erkannten auch die Generale an, welch wichtigen Beitrag zum Sieg die B-17 geleistet hatte. LeMay sagte: „Sie machte alles, was wir wollten, und sie machte es gut." Spaatz stimmte zu: „Ohne die B-17 hätten wir den Krieg vielleicht verloren." Eaker nannte sie „das beste Kampfflugzeug, das jemals gebaut wurde. Sie konnte die meisten Schäden verkraften und blieb immer noch in der Luft."

Hersteller: Boeing Airplane Co., Seattle, Washington.
Typ: Schwerer Bomber zum Einsatz in großen Höhen (Daten für B-17G).
Triebwerk: Vier 9-Zylinder-Sternmotoren mit Turbolader vom Typ Wright Cyclone R-1820-97 (B-17C – E, R-1820-65) mit 1200 PS.
Maße: Spannweite 31,6 m; Länge 22,8 m; (B-17B, C, D) 20,7 m; (B-17E) 22,5 m; Höhe: 5,8 m (B-17B, C, D) 4,58 m; Flügelfläche: 131,92 m^2.
Gewicht: Leer: 14 855 – 16 200 kg; (B-17B, C, D) typisch 12 542 kg; Höchstgewicht beladen 29 700 kg; (B-17B, C, D) 20 049 – 21 160 kg; (B-17E) 24 040 kg.
Leistung: Höchstgeschwindigkeit 462 km/h; (B-17C, D) 520 km/h; (B-17E) 510 km/h; Dauergeschwindigkeit: 293 km/h; (B-17C, D) 402 km/h; (B-17E) 338 km/h; Flughöhe: 10 670 m; Reichweite 1760 km mit maximaler Bombenladung; andere Typen bis zu 5084 km.
Bewaffnung: Je zwei 12,7-mm-Browning-MGs in Türmen vorn unten, auf dem Rücken, an der Heckflosse sowie in der Unterrumpfkanzel. Zwei weitere in den Bugstutzen, eins im Funkraum und je eins in der Mitte rechts und links. Normale Bombenzuladung 2274 kg; Höchstzuladung 5800 kg.

Abbildung unten: (von oben nach unten): B-17F40 des 359. Sqn der US Air Force aus der 303. Bombergruppe vom Stützpunkt Molesworth 1943; B-17G40 der 447. Bombergruppe der US Air Force, Anfang 1945. Die Kennzeichnungen am Bug weisen auf 83 geflogene Einsätze hin.

Focke-Wulf Fw 190

„Eine Fw 190 pumpte Geschosse aus ihrer Kanone in den Bauch einer ahnungslosen Spitfire. Sie klappte nach innen zusammen und zerbrach in zwei Teile. Wahrlich eine furchterregende Demonstration der Schlagkraft der Fw 190."

Group Captain Alan Deere sah, wie gierig dieses Raubtier auf Beute aus war. Amerikanische Tageslichtbomber waren ein leichtes Opfer für die unbeugsamen jungen Männer, die mit ihren Fw 190 in die dahinbummelnden Bomberherden jagten und die schweren Maschinen mit der gewaltigen Durchschlagskraft ihrer Geschosse und Raketen vom Himmel holten.

Die Fw 190D-12 des Champlin Fighter Museum kauert sich in der Nachmittagssonne von Arizona nieder und wartet auf den Befehl, ihren mächtigen BMW-Sternmotor anzuwerfen. Schon bald wird die friedliche Szene erfüllt sein vom Brüllen und Knattern des Motors und von schwarzen Rauchschwaden aus dem Auspuff. So hat die Fw 190 früher auf ihre Einsätze gewartet, um gegnerische Flugzeuge, die die Heimat bedrohten, abzufangen.

10

In einer ähnlichen Kabine hat Ernst Schröder zwei B-24 vom Himmel geholt. „Die erste drehte sich auf die Seite und schmierte dann ab. Bei der Maschine daneben brannten die beiden Triebwerke. Ich zielte erneut auf sie und flog dann längsseits, um die meterhohen Flammen zu betrachten. Diese große Maschine drehte sich träge auf den Rücken und stürzte ab.“

Hersteller: Focke-Wulf Flugzeugbau GmbH.
Typ: Einsitziger Jagdbomber.
Triebwerk: (A-8, F-8) Ein zweireihiger 18-Zylinder-Sternmotor vom Typ BMW 801 Dg mit 1700 PS ; (D-9) ein V-12 in hängender Anordnung vom Typ Junkers Jumo 213-A1 mit 1776 PS; (Ta 152-H1) ein Jumo 213-1 mit 1880 (2250) PS.
Maße: Spannweite 10,49 m; (Ta 152-H1) 14,5 m; Länge (A-8, F-8) 8,84 m; (D-9) 10,2 m; (Ta 152-H1) 10,8 m; Höhe: 3,96 m; (D-9) 3,35 m; (Ta 152-H1) 3,55 m.
Gewicht: Leer (A-8, F-8) 3200 kg; (D-9) 3500 kg; (Ta 152-H1) 3600 kg; Höchstgewicht beladen (A-8, F-8) 4900 kg; (D-9) 4840 kg; (Ta 152H-1) 5500 kg.
Leistung: Höchstgeschwindigkeit (mit Kompressor) (A-8, F-8) 653 km/h; (D-9) 704 km/h; (Ta 152H-1) 755 km/h; Anfangssteigleistung (A-8, F-8) 720 m/min; (D-9) ca. 1000 m/min.
Bewaffnung: (A-8, F-8) Zwei 13-mm-MG 131 über dem Triebwerk, zwei 20-mm-MG 151/20 an den Flügelwurzeln und zwei MG 151/20 oder 30-mm-Kanonen MK 108 an den Flügelenden; (D-9) wie oben, jedoch mit Vorrichtung für 30-mm-Kanone MK 108 in der Propellernabe; (Ta 152H-1) eine 30-mm-Kanone MK 108 und zwei Innenbord-MGs vom Typ 151/20; Bombenzuladung (A-8; D-9) eine 500-kg-Bombe mitten unter dem Rumpf; (F-8) eine 1800-kg-Bombe mitten unter dem Rumpf.

Abbildungen unten: (von oben nach unten): Fw 190 A-5 aus der II. Gruppe des Jagdgeschwaders 54 „Grünherz“ in Estland im Frühjahr 1944; Fw 190 A-8 aus der II. Gruppe des Jagdgeschwaders 4 in Babenhausen im Winter 1944/45; Fw 190 D-9 aus der 1. Staffel des Jagdgeschwaders 10 im Jahr 1945.

Gladiator

„Als die wenigen Gladiators landeten, wurden sie sofort von deutschen Flugzeugen angegriffen. Das Eis begann unter ihren Bomben zu brechen. In dieser hoffnungslosen Lage flog Nr. 263 dreißig Einsätze und schoß fünf feindliche Flugzeuge ab."

Die Gladiator wurde ihrem Namen gerecht und verdiente sich ihren unsterblichen Ruhm bei der heldenhaften Verteidigung der Insel Malta gegen die Flugzeuge der Achsenmächte, die die Insel von Sizilien aus angriffen. Air Marshal Peter Wykehams Worte über die vergeblichen Einsätze des 263. Sqn auf dem gefrorenen Lesjekogsee beim verhängnisvollen Norwegenfeldzug beweisen, daß die Doppeldecker auch im Zweiten Weltkrieg noch eine nicht zu unterschätzende Rolle spielten.

Die Gladiator aus der Shuttleworth Collection bei einem vergnügten Ausflug über der Landschaft von Bedfordshire. Sie trägt die erdgrünen Tarnfarben des 247. Sqn, das während der Schlacht um England auf dem Stützpunkt Roborough in der Nähe von Plymouth stationiert war. Die besonderen Merkmale des letzten Doppeldeckerjägers der Royal Air Force waren Streben und Drähte und die MGs unter den Flügeln.

HP B

Die untergehende Sonne läutet das Ende einer Ära ein. Niemand weiß, warum Gloster nach dem erfolgreichen Eindecker-Wasserflugzeug, das 1929 bei der Schneider Trophy mit 571 km/h einen Weltrekord aufstellte, wieder auf den bewährten Doppeldecker zurückgriff. Auf jeden Fall ist eine für einen Doppeldecker optimale Aerodynamik dabei herausgekommen.

Den tapferen Gladiators, die im eisigen Norwegen gegen die deutsche Luftwaffe kämpften, winkte der ewige Ruhm. Und doch hat nur eine von ihnen überlebt, die nun zur Shuttleworth Collection in Old Warden, Bedfordshire, gehört. An den Flugtagen zeigt sie sich in ihrer ganzen Schönheit, oft in Formationen mit der einst allgegenwärtigen Spitfire V oder mit der Hawker Hind.

Hersteller: Gloster Aircraft Company.
Typ: Einsitziger Jäger.
Triebwerk: Ein 9-Zylinder-Sternmotor vom Typ Bristol Mercury IX oder IXS mit 840 PS; (Gladiator II) normalerweise ein gleich starker Mercury VIIIA.
Maße: Spannweite 9,85 m; Länge 8,38 m; Höhe 3,17 m.
Gewicht: Leer 1565 kg; Höchstgewicht beladen 2155 kg.
Leistung: Höchstgeschwindigkeit 407 km/h; Anfangssteigleistung 700 m/min.
Bewaffnung: Die ersten 71 Flugzeuge hatten zwei 7,7-mm-Vickers-MGs am Rumpf und ein 7,7-mm-Lewis-MG unter jeder unteren Tragfläche; die folgenden Modelle hatten vier 7,7-mm-Browning-MGs an den gleichen Stellen. Rumpf-MGs mit 600 und Flügel-MGs mit 400 Schuß.

Abbildungen unten: (von oben nach unten): Gladiator I von 1938 in den Farben des 73. Sqn; Gladiator I der portugiesischen Arma de Aeronáutica.

F6F Hellcat

„Ich feuerte einen Schuß zur Ermittlung der Seitenabweichung ab, und die Zeke verlor ein paar Teile. Eine andere schoß direkt unter mir hindurch. Ich war darüber erleichtert, daß der Pilot sich nicht entschieden hatte, zu seinen ruhmvollen Ahnen aufzusteigen, indem er mein Flugzeug rammte.“

Ensign (Fähnrich) Roland Baker hätte dieses Erlebnis im Luftkampf mit einer Zero am Ende des Pazifikkrieges genausogut auch beim „Großen Truthahnschießen über den Marianen“ widerfahren können. Dabei hatte Grummans furchteinflößende „Katze“ die Flieger aus dem Land der aufgehenden Sonne in einer der erfolgreichsten Luftschlachten aller Zeiten vernichtend geschlagen.

„Fat Cat“ ist auf Streifzug und zeigt ihre glatte blaue Haut und den berühmten Stern mit Balken. Von den einst 12 200 gebauten Hellcats haben nur 16 überlebt. Im Zweiten Weltkrieg jedoch zeigte sich der mächtige, ausdauernde und schnelle Jäger den japanischen Zeros und Oscars weit überlegen, und die Alliierten konnten im Pazifik eine Insel nach der anderen zurückerobern.

Man kann die Hellcat förmlich schnurren hören, während sie in ihrer ganzen Pracht über die englische Landschaft gleitet. Dieses Modell aus dem Besitz der The Fighter Collection wurde von elf Assen der US Navy geflogen, darunter Lieutenant Alexander Vraciu des VF-6, dessen Farben sie nun trägt. Sieben seiner insgesamt 19 Abschüsse in der Luft gelangen ihm mit dieser Maschine.

Hersteller: Grumman Aircraft Engineering Corporation.
Typ: Einsitziger Marinejäger.
Triebwerk: Erste Modelle mit einem zweireihigen 18-Zylinder-Sternmotor vom Typ Pratt&Whitney R-2800-10 Double Wasp mit 2000 PS, ab Januar 1944 (die letzten F6F-3) zwei Drittel mit R-2800-10W mit 2200 PS (mit Wassereinspritzung).
Maße: Spannweite 13,05 m; Länge 10,2 m; Höhe 3,99 m; Flügelfläche 31,0 m^2.
Gewicht: Leer (F6F-3) 4101 kg; Höchstgewicht beladen (F6F-3) 6000 kg; (F6F-5N) 6443 kg.
Leistung: Höchstgeschwindigkeit (F6F-3, -5) 605 km/h; (-5N) 590 km/h; Anfangssteigleistung (typisch) 990 m/min; Flughöhe (-3) 11 430 m; Reichweite mit Innentankkraftstoff (typisch) 1755 km.
Bewaffnung: Standard: sechs 12,7-mm-Browning-MGs mit je 400 Schuß an den Flügelenden; einige -5N und -5 Hellcat hatten zwei 20-mm-Kanonen und vier 12,7-mm-MGs. Befestigungspunkte unter den Tragflächen für sechs Raketen und mittig angebrachte Außenlastträger für 907 kg Bomben.

Abbildungen unten: (von oben nach unten): F6F-5 in Seeblau, Blau und Weiß; F6F5 in Mitternachtsblau mit Raketenschienen unter den Tragflächen.

SB2C/A-25 Helldiver

„Ich war der Jäger und wollte besonders gut treffen. Nachdem ich die Bombe ausgeklinkt hatte, fing ich die Maschine aus dem Sturzflug ab, immer noch ganz der aufgeregte, aggressive Jäger, der an diesem Tag unbedingt den Krieg gewinnen wollte."

Die „Stuka"-Sturzkampfbomber waren die ersten, die während des deutschen Blitzkriegs die Gegner in Angst und Schrecken versetzten. Erst Jahre später nahmen US-Piloten wie John F. Forsyth mit ihren trägergestützten Maschinen den Steuerknüppel in die Hand. Diese trägergestützten Bestien zeichneten sich durch ihren mächtigen Sternmotor, den langen, zylindrischen Rumpf und eine Heckflosse aus, mit der man ein ganzes Schlachtschiff hätte steuern können.

Inzwischen gibt es nur noch wenige Helldivers, aber im Zweiten Weltkrieg waren die Bestien von Curtiss bei den Amerikanern die meistgeflogenen Sturzkampfbomber. 1944 besaß schließlich jeder größere Flugzeugträger der US-Flotte eine Helldiver-Staffel. Die feindliche Luftabwehr fürchtete sich zu Recht vor den todesmutigen Sturzkampfangriffen, während die japanischen Piloten äußersten Respekt vor den 20-mm-Kanonen an den Flügeln hatten.

32

Trotz der insgesamt ca. 880 Änderungen während der Entwicklungsphase, die ihre Indienststellung zunächst verzögerten, war das „langschwänzige Biest“ nach der Schlacht um Rabaul nicht mehr aus der Kampfführung wegzudenken. Sie plazierte Bomben und Unterwasserbomben mit hoher Präzision und befeuerte gegnerische Ziele mit Kanonen, MGs und Raketen.

Hersteller: Curtiss-Wright Corporation.
Typ: Zweisitziger trägergestützter Sturzkampfbomber; Daten für SB2C-1.
Triebwerk: Zweireihiger 14-Zylinder-Sternmotor vom Typ Wright R-2600-8 Cyclone mit 1700 PS.
Maße: Spannweite 15,2 m; Länge 11,2 m; Höhe 5,1 m; Flügelfläche 39,20 m^2.
Gewicht: Leer 4990 kg; Höchstgewicht beladen 7550 kg.
Leistung: Höchstgeschwindigkeit 452 km/h; Flughöhe 7530 m; Reichweite 1786 km.
Bewaffnung: Zwei 20-mm-Kanonen oder vier 12,7-mm-MGs an den Flügeln und zwei 7,62-mm-MGs bzw. ein 12,7-mm-MG in der hinteren Kabine; innen Vorrichtungen für 454 kg Bombenladung (spätere Modelle hatten zusätzlich Träger unter den Tragflächen).

Abbildungen unten: (von oben nach unten): SB2C-3 des VB-3 an Bord der USS Hancock in Dreifarblackierung; eine glänzende, seeblaue SB2C-3 des VB-80, ebenfalls an Bord der USS Hancock.

Hurricane

„‚Feind in Sicht‘, kam Johnnys ruhige Stimme über das Funkgerät. Wir sahen, wie er herunterging. Seine kleine Hurricane sah fast schon elegant aus und war doch tödlich für die angreifenden Deutschen.“

Paul Richey war einer dieser heldenhaften Johnnys, die sich im Sommer 1940 der Übermacht der deutschen Luftangriffe entgegenstellten. Die Hurricane, äußerst wendig und doch eine solide Plattform für ihre acht Brownings, war für den Krieg wie geschaffen und wurde von der Mehrzahl der englischen Piloten geflogen.

Diese seltene, in Kanada gebaute Hurricane XIIB aus der The Fighter Collection ist heute auf dem ehemaligen britischen Luftwaffenstützpunkt Duxford zu Hause. Als Zeichen der Anerkennung für die amerikanischen Piloten, die schon vor dem offiziellen Eintritt der USA in den Krieg als Freiwillige für Großbritannien flogen, trägt sie die Farben des 71. (Eagle) Sqn. Es handelt sich um die einzige Kunstflug-Hurricane der Welt in Privatbesitz.

XR
T

„Alarm!" Die Hurricane XIIB startet durch und zeigt ihre berühmten „Fighting Eagle"-Abzeichen. Sie verläßt Duxford zu einem Routineflug wie in jenen Tagen, als das legendäre Duxford-Geschwader, auch als „Baders Busgesellschaft" bekannt, die Wellen der mörderischen deutschen Angriffe immer wieder abwehrte. Heute noch wird der 15. September als Tag der Schlacht um England gefeiert.

Hersteller: Hawker Aircraft Ltd.
Typ: Einsitziger Jäger, Jagdbomber und Panzerjäger.
Triebwerk: Ein wassergekühlter V-12 vom Typ Rolls-Royce Merlin.
Maße: Spannweite 12,19 m; Länge 9,75 m; (Mk-1) 9,55 m; Höhe 4 m.
Gewicht: Leer (I) 2118 kg; (IIA) 2335 kg; (IIC) 2558 kg; (IID) 2631 kg; (IV) 2515 kg; Höchstgewicht beladen (I) 2994 kg; (IIA) 3650 kg; (IIC) 3742 kg; (IID) 3719 kg; (IV) 3832 kg.
Leistung: Höchstgeschwindigkeit (I) 511 km/h; (IIA, B, C) 560 km/h; (IID) 460 km/h; (IV) 531 km/h; Anfangssteigleistung (I) 770 m/min; (IIA) 960 m/min (andere Modelle, typisch) 825 m/min; Flughöhe (I) 10 973 m; (IIA) 12 500 m; (andere Modelle, typisch) 10 365 m; Reichweite (alle, typisch) 740 km.
Bewaffnung: (I) Acht 7,7-mm-Browning-MGs; (IIA) desgleichen, mit Vorrichtungen für 12 MGs und zwei 113-kg-Bomben; (IIB) 12 Brownings und zwei 113-kg- oder 226-kg-Bomben; (IIC) vier 20-mm-Hispano-Kanonen und Bomben; (IID) zwei 40-mm-Vickers-S-Kanonen und zwei 7,7-mm-Browning-MGs; (IV) Allzwecktragfläche für zwei Browning und zwei Vickers S, zwei 226-kg-Bomben, acht Raketen, Nebelwerfer und andere Einrichtungen.

Abbildungen unten: (von oben nach unten): Von Gloster gebaute Mk 1 mit den Abzeichen des 73. Sqn; Hurricane IID des 6. Sqn in Wüstentarnung im Juli 1942.

A-26 Invader

„Wir gingen den Ballons aus dem Weg. Das Radar konnte uns auch nicht erfassen, obwohl wir ein paar MG-Salven abfeuerten. Wir gingen mit der Geschwindigkeit herunter und setzten unsere Leute genau an der richtigen Stelle ab."

Ob beim Absetzen von Agenten des Strategiedienstkommandos vor Berlin 1945 in einer dunklen, regnerischen Nacht – wie uns Lieutenant Bill Mishko, Sichtnavigator an Bord einer tiefschwarzen A-26-C, hier berichtet – oder beim Tiefflug über die Hecken der Normandie vor und während der Landung, der schnelle zweimotorige Unruhestifter bereitete der Luftabwehr oft Kopfzerbrechen.

Die gelungene Frontalaufnahme einer startenden A-26B zeigt ihre eindrucksvolle Bugbewaffnung: acht 12,7-mm-MGs und eine 20-mm-Kanone, denen sie ihre Durchschlagkraft verdankt. Die Invader war ein Vierteljahrhundert lang im Dienst, nach dem Krieg in Algerien und schließlich sogar noch in Vietnam, wo die letzten Staffeln mit ihr Nachtabriegelungseinsätze flogen.

Eingerahmt von den zwei roten Mündern der Sternmotoren, zeigt Vargas „Himmlischer Körper“ Flagge auf dem Flug und weist wie die Galionsfigur eines Schiffes den Weg zum dicht belegten Flugdeck der „Sugarland Express“. Ed Heinemanns imposante Konstruktion war der letzte propellergetriebene zweimotorige Bomber, der für die US Air Force gebaut wurde.

Hersteller: Douglas Aircraft Company.
Typ: Dreisitziger Kampfbomber; FA-26 als Aufklärer; JD (Navy) als Zielschlepper.
Triebwerk: Zwei zweireihige 18-Zylinder-Sternmotoren vom Typ Pratt&Whitney R-2800-27, -71 oder -79 Double Wasp mit je 2000 PS, Nachkriegsmodell Mark B-26K mit R-2800-103 W und 2500 PS.
Maße: Spannweite 21,43 m, (B-26K) 22,86 m über Flügelspitzentanks ; Länge 15,24 m; Höhe 5,64 m; Flügelfläche 50,17 m^2.
Gewicht: Leer, typisch 10 145 kg; beladen zunächst 12 247 kg; absolutes Höchstgewicht 14 515 kg; später erhöht auf 15 876 kg und absolutes Höchstgewicht von 17 460 kg.
Leistung: Höchstgeschwindigkeit 571 km/h; Anfangssteigleistung 610 m/min; Flughöhe 6736 m; Reichweite mit maximaler Bombenzuladung 2253 km.
Bewaffnung: (A-26B) Zehn 12,7-mm-Browning-MGs, sechs davon im Bug und je zwei in Über- und Unterrumpftürmen; Bombenzuladung intern 1814 kg, später zusätzliche Außenlastträger unter den Tragflächen für 907 kg; (A-26C) wie oben, jedoch nur zwei 12,7-mm-MGs im Bug; (B-26K, A-26A) verschiedene Bugkonfigurationen mit bis zu acht 12,7-mm-MGs oder vier 20-mm-Kanonen, dazu sechs 7,62-mm-MGs in den Flügeln und eine Bombenzuladung von insgesamt 3628 kg in Bombenschächten und an acht Lastträgern unter den Flügelenden.

Abbildungen unten: (von oben nach unten): A-26B „Stinky" des 552. Bomb Sqn, 386. Bomb Group, 9th Air Force, im April 1945; B-26-C, von Frankreich in den 50er Jahren in Algerien eingesetzt.

Lancaster

„Die Stadt Lincoln lag da in völliger Stille ... es muß ein erhebender Anblick gewesen sein, wie diese großen, mächtigen Lancasters im Verband zu ihrem Einsatz aufbrachen. Wir waren bereit, die Dämme zu sprengen."

Wing Commander Guy Gibson, der diese Worte schrieb, und die legendäre „Lanc" sind gleichermaßen berühmt für die kühnsten und riskantesten Tiefflugangriffe der Royal Air Force. „Feindliche Küste in Sicht" hieß der Ruf, der viele Flüge ins Inland einleitete, bei denen die Nachtbomber versuchten, in das Zentrum des Gegners einzudringen und einen Wirbelsturm zu entfachen.

Vier Merlins schnurren friedlich vor sich hin, während „City of Lincoln" über den Wäldern und Wiesen von Lincolnshire schwebt. Dies ist die einzige überlebende und flugbereite von 7377 für die Royal Air Force gebauten Lancaster. Sie wurde 1945 für den Einsatz im Fernen Osten gebaut, um dort die „Tiger Force" der amerikanischen Freiwilligen zu verstärken, bis Japan sich schließlich nach dem Abwurf der Atombomben ergab.

Es gibt wohl kaum einen fesselnderen Anblick als eine Lancaster, die im Tiefflug vorbeidonnert, während die Merlins sie wie an einer Leine voranzerren. Man kann sich gut vorstellen, was der Heckschütze der vorausfliegenden B. Mk X von der Canadian Warplane Heritage bei diesem Anblick fühlt. Ähnlich muß es 1944 ausgesehen haben, als die 6. Gruppe der Royal Canadian Air Force sich in solch einer Formation Berlin näherte.

Kanadische Staffeln waren während des Krieges in England stationiert und flogen von dort aus Einsätze. Sie trugen passende Namen wie „Bison", „Thunderbird" (Donnervogel) und „Moose" (Elch). Diese Lancaster der Canadian Warplane Heritage trägt die Farben des Flugzeugs, in dem Andrew Mynarski über Frankreich ums Leben kam. Für seinen furchtlosen Einsatz erhielt er nach seinem Tod das Victoria-Kreuz.

Die Silhouette hebt sich ab gegen den Himmel wie in einer Szene aus „Target for Tonight", und „City of Lincoln" fliegt beschwingt heim nach Coningsby. Roy Chadwicks überragende Konstruktion wurde unsterblich durch die Nachtflugeinsätze der Royal Air Force und der Royal Canadian Air Force, die bis zum Kriegsende pünktlich ihre Bomben abwarfen.

Hersteller: A. V. Roe Ltd; auch Armstrong Whitworth, Douglas Aircraft Company, Vickers-Armstrong in England sowie Victory Aircraft in Kanada.
Typ: Siebensitziger schwerer Langstreckenbomber.
Triebwerk: Vier Rolls-Royce oder Packard Merlin 20 oder 22 mit je 1460 PS bzw. vier zweireihige 14-Zylinder-Ringschieber-Sternmotoren vom Typ Bristol Hercules VI mit je 1650 PS.
Maße: Spannweite 31,1m; Länge 21,1 m; Höhe 5,97 m.
Gewicht: Leer 16 705 kg; Höchstgewicht beladen 30 800 kg.
Leistung: Höchstgeschwindigkeit 462 km/h in 3500 m Höhe; Reisegeschwindigkeit 338 km/h; Flughöhe 7467 m; Reichweite mit 6350 kg Bombenzuladung 2675 km.
Bewaffnung: Bug- und Überrumpfwaffentürme (Mk II auch mit Unterrumpfwaffenturm) mit je zwei 7,7-mm-Browning-MGs (einige Modelle, u.a. die Mk VII, mit Martin-Überrumpfwaffenturm und zwei 12,7-mm-MGs), Heckturm mit vier 7,7-mm-Browning-MGs, normale Bombenzuladung in den Schächten 6350 kg, bei einigen Modellen auch 9979 kg.

Abbildungen unten: (von oben nach unten): Lancaster B.III des 617. Sqn im Mai 1943, speziell für die „Upkeep"-Mine für Dammsprengungen umgerüstet; Lancaster B.I (Special) des 617. Sqn 1945 mit der „Grand Slam"-Bombe; Lancaster B.I des 419. Sqn 1945. Der gelbe Flossenansatz weist darauf hin, daß es sich um den mit G-H-Radar ausgerüsteten Schwarmführer handelt.

B-24 Liberator

„Wir klemmten zwischen zwei Liberators, eine direkt über uns und eine unter uns, und flogen in eine riesige Masse aus Feuer und Rauch – die Aguila-Raffinerie von Columbia."

Bill Cameron flog die mächtige B-24 in 6400 m Höhe durch das brennende Inferno von Ploiesti, das über den U-Boot-Liegeplätzen aufstieg, verfolgt vom feindlichen Flakfeuer. Er durchdrang den feindlichen Jagdschutz, um das Waffenarsenal des Deutschen Reichs zu vernichten. Die Liberators waren die besten Bombentransporter und patrouillierten deshalb auch über den Ozeanen, meisterten Wüstenstürme und setzten Fallschirmspringer über Europa ab.

Ein schwarzes Schaf im Wolfspelz. Auf diesem dramatischen Foto einer B-24, deren Silhouette sich gegen den Himmel abhebt, kann man fast schon hören, wie das „V for Victory" der BBC über den Äther kommt. So war es, als die geisterhaften Bomber des OSS in monderleuchteten Nächten ihre gefährlichen Einsätze flogen, um Agenten abzusetzen und die Widerstandskämpfer im besetzten Frankreich, in Skandinavien und den Niederlanden zu unterstützen.

Wie Don Quijote zielten die übermütigen Flieger beim Landeanflug mit ihren Flugzeugen in Schräglage auf die Windmühlen, wie bei dieser in der Nähe der vielbenutzten Start- und Landebahnen von Attlebridge, und versuchten, mit dem Propellerstrahl die Windmühlenflügel in Bewegung zu setzen. Die Windmühlen und die wirbelnden Propeller der B-24 sind nur noch eine ferne Erinnerung an die jungen, temperamentvollen amerikanischen Flieger.

„All American“ in ihrer ganzen Pracht. Fotografiert über dem Michigan-See von Bob Collings' Schwesterflugzeug „Nine-O-Nine“, erinnert sie uns an die langen, einsamen Einsätze bis an die Biskaya. Dort versuchten die B-24 des 8. Bomber Command vergeblich, die U-Boot-Liegeplätze zu zerstören. Die PBY-Liberators der US Navy patrouillierten unterdessen unentwegt über den einsamen Seewegen des Atlantik.

Abergläubische Flieger der US Air Force und der Royal Air Force malten manches Maskottchen auf ihre Bomber und Jäger und hatten bei den Einsätzen über feindlichem Gebiet oft auch noch einen Talisman dabei. Keiner war aber größer als die berühmte „Katze auf dem Faß", die jetzt in der Gemeinde Old Catton in der Nähe von Horsham St. Faith steht. Angeblich soll sie im Krieg zweimal den Atlantik überquert haben!

Ruhe vor dem Sturm. „All American“ und „Nine-O-Nine“ könnten sich auf dem Anflug auf die Docks von St. Nazaire oder Neapel befinden, wo die Flak häßliche, schwarze Salven losläßt und dabei den Himmel mit Tausenden tödlichen Metallsplittern durchzieht.

Offene Mittelfenster ließen Eisgeschosse in die riesigen, verletzlichen „Libs“, und die schwere Emerson-Kanzel verringerte die Geschwindigkeit der B-24. Man verzichtete auf Komfort, um die angreifenden Jäger der Luftwaffe bekämpfen zu können. MGs froren ein, und der Frost machte die Finger steif, wenn die Schützen ihre Handschuhe auszogen, um ihre blockierten Brownings freizubekommen.

Am Boden ähnelt die unförmige B-24 einem trägen Kastenwagen. Die Besatzungen der B-17 bezeichneten sie als „Bananenboot“ (weil sie von einem Wasserflugzeug abstammte) und „Transportkiste für unsere Flugzeuge“. In der Luft jedoch war die moderne Konstruktion von Consolidated durchaus elegant. Vor allen Dingen flog sie schneller und weiter als die Boeing und hatte eine höhere Bombenzuladung.

Ein Adler spreizt seine Flügel, und blauschwarze B-24 fliegen bis in alle Ewigkeit in einer Formation. Zu sehen ist dies Bild auf einem Gebäude der 8th Air Force in Wendling, Norfolk. Auf Nissenhütten, in Kantinen und Einsatzbesprechungsräumen sowie in Aero-Clubs überall in „Little America“ finden sich die Kunstwerke der GIs, inzwischen verblaßt und abgeplatzt. Sie wecken Erinnerungen an eine Zeit, als diese ungastlichen Orte die „Heimat“ ersetzten.

Hersteller: Consolidated Vultee Aircraft Corporation.
Typ: Langstreckenbomber mit zehn Mann Besatzung, Daten für B-24J.
Triebwerk: Vier zweireihige 14-Zylinder-Sternmotoren vom Typ Pratt&Whitney Twin Wasp R-1830-65 mit je 1200 PS.
Maße: Spannweite 33,5 m; Länge 20,47 m; Höhe 5,49 m; Flügelfläche 97,36 m^2.
Gewicht: Leer 16 783 kg; Höchstgewicht beladen 29 484 kg.
Leistung: Höchstgeschwindigkeit 467 km/h; Anfangssteigleistung 274 m/min; Flughöhe 8534 m; Reichweite mit 2268 kg Ladung 3540 km.
Bewaffnung: Zehn 12,7-mm-Browning-MGs in vier elektrisch bedienten Türmen zu je zwei MGs sowie je ein manuell bedientes MG rechts und links in Rumpfmitte, zwei Bombenschächte mit Rolltüren und vertikalen Trägern auf jeder Seite des zentralen Laufstegs für bis zu 3629 kg Bomben; zusätzlich konnten zwei 1814-kg-Bomben außen an Lastträgern unter der Flügelmitte befestigt werden.

Abbildungen unten: (von oben nach unten): B-24J „The Dragon and his Tail“ der 43. Bomb Group, le Shima 1945; B-24J „Black Zombie“ der 406. Bomb Group; B-24D der 93. Bomb Group, 1943 stationiert in Hardwick, England.

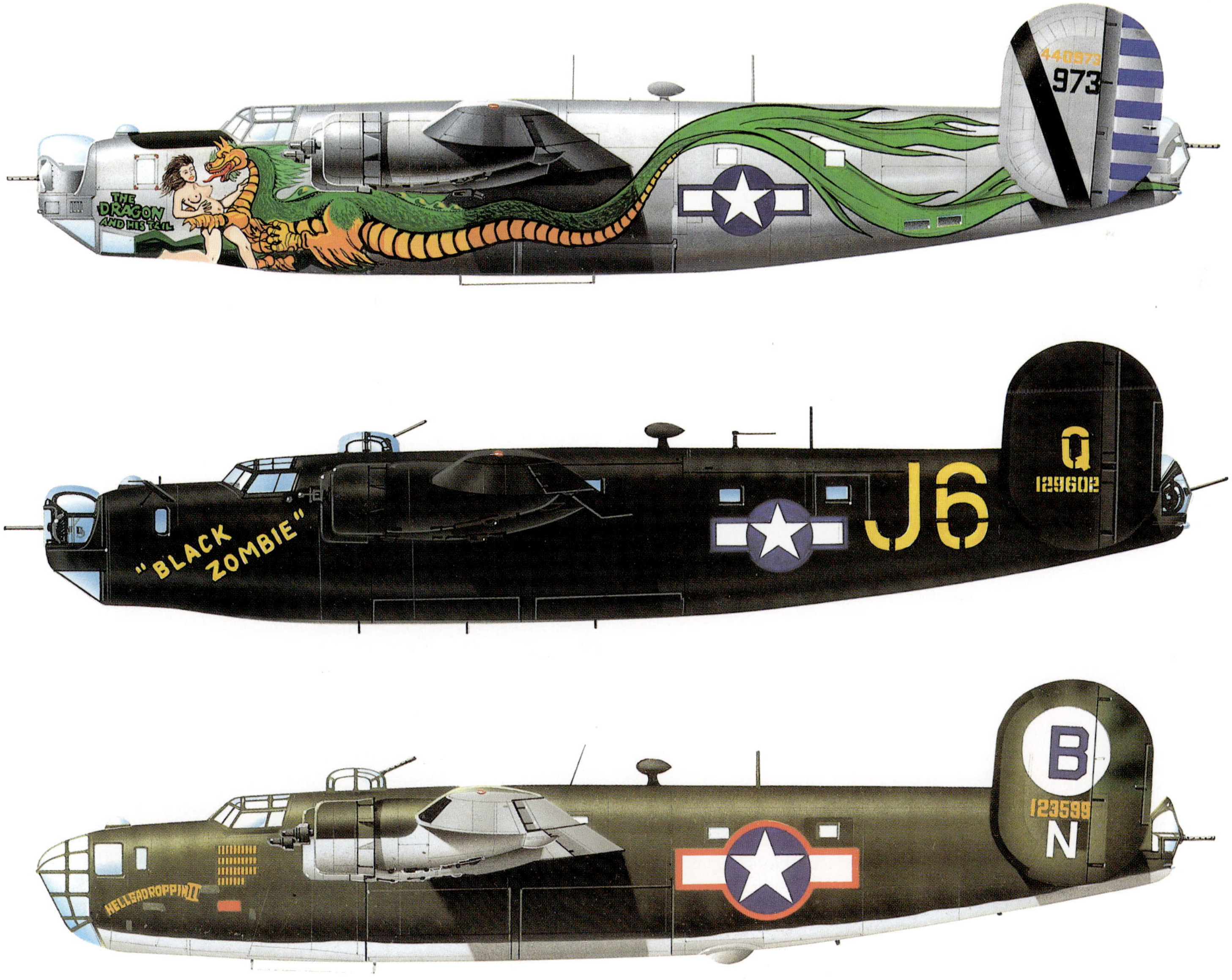

Lysander

„Ich bewunderte die Royal Air Force sehr; wenn sie versprachen zu kommen, waren sie auch immer da. Sie kämpften sich durch das schlimmste Wetter und die feindliche Luftabwehr, um uns mit dem Nötigsten zu versorgen."

Agent Richard „Xavier" Heslop war einer der unzähligen tapferen Männer und Frauen, die den Krieg in Europa in Gang hielten. Unterstützt wurden sie von der zuverlässigen Lysander, die im Mondschein über die französische Landschaft flog, um Geheimagenten und Vorräte abzusetzen. So gelang es ihr, die Moral der Widerstandskämpfer im besetzten Europa aufrechtzuerhalten.

Die tapferen „Lizzies" waren Mädchen für alles. Sie übernahmen die verschiedensten Aufgaben, von der Artillerieerkundung bis zu Aufklärungs- und Versorgungsflügen für die von Dünkirchen abgeschnittenen Truppen. Gut in Erinnerung sind noch ihre geheimnisumwitterten Einsätze von Newmarket, Tempsford und Tangmere aus, wo mutige Agenten sich im Mondschein in der Höhle des Löwen absetzen ließen.

Die merkwürdige, wespenartige Konstruktion von Westland mit ihren hoch angesetzten Tragflächen erwies sich als äußerst wertvoll als Verbindungsflugzeug bei der British Army. Bei der Royal Air Force wurde sie ebenfalls eingesetzt, u.a. in Ägypten, Palästina, Indien und Griechenland. Nicht zu vergessen sind auch die Sondereinsätze im Fernen Osten bis 1945. Dieses flugbereite Exemplar gehört heute den Sabrena Old Timers.

Hersteller: Westland Aircraft Company.
Typ: Zweisitziges Heeresverbindungsflugzeug.
Triebwerk: Ein Bristol-9-Zylinder-Sternmotor: (I) Mercury XII mit 890 PS; (II) Perseus XII mit 905 PS; (III) Mercury XX oder XXX mit 870 PS.
Maße: Spannweite 15,24 m; Länge 9,29 m; Höhe 3,50 m.
Gewicht: Leer (typisch, I) 1834 kg; normale Zuladung (I) 2645 kg; Höchstgewicht beladen (I) 3402 kg; (IIISCW) 4536 kg.
Leistung: Höchstgeschwindigkeit (I, II) 381 km/h; (IIISCW) 306 km/h; Anfangssteigleistung 580 m/min; Flughöhe (I) 7925 m; Reichweite (I) 966 km; (IIISCW) 2253 km.
Bewaffnung: Gegebenenfalls ein 7,7-mm-Browning-MG mit 500 Schuß über jeder Radverkleidung (außerhalb des Propellerkreises) sowie ein handgezieltes 7,7-mm-Lewis- oder Vickers-GO-MG in der hinteren Kabine (IIIA mit zwei 7,7-mm-Browning-MGs in der hinteren Kabine); Bombenzuladung: bis zu zwei 113-kg-Bomben an den Stummelflügeln.

Abbildungen unten: (von oben nach unten): Lysander IIISCW, schwere Ausführung in Tiefschwarz, mit spezieller Ausrüstung zum Absetzen von Agenten und, wenn möglich, zu ihrer Rückführung; Lysander Mk III des 13. Sqn ohne Radverkleidungen, um die Wartung zu erleichtern.

B-26 Marauder

„Ich sah eine Rauchsäule, die langsam, schwer und braun über den Bereitstellungsräumen aufstieg. Plötzlich stellte ich fest, daß ich überhaupt nichts dabei fühlte. Vielleicht war es am besten so."

Die Worte des tapferen B-26-Bombenschützen Benjamin McCartney wurden zu seiner Grabinschrift. Gefürchtet von allen Neulingen, erwies sich Martins vielverfluchte „Dame" nach erfolgreicher Zähmung als sehr zuverlässig und hatte die geringsten Verluste. Die Bomber mit ihren Zebrastreifen schossen blitzschnell im Tiefflug den anderen voran und kündigten die Armada der Invasion an. Am Ende des Krieges hatte sie ihren Spitznamen „Witwenmacher" endgültig verloren.

An den Seiten vollgepackt wie ein Pferd aus einem Western nähert sich diese Marauder ihrem Liegeplatz. Die Kabinenfenster sind steil nach oben gestellt. Die vierblättrigen Hamilton Standards kreisen wie die Derwische und schneiden eine Schneise durch das hohe Gras. Unmittelbar vor der Landung in der Normandie spielten sich solche Szenen täglich auf den Flugplätzen in Essex ab.

Peyton Magruders zigarrenförmige Konstruktion kommt in dieser bestechenden Aufnahme besonders gut zur Geltung. Bekannt wurde sie als „Hure von Baltimore", weil sie über kein sichtbares Unterstützungsmittel verfügte. Die B-17-Besatzungen schlugen vor, ihr silberne Griffe zu verpassen, „wie sie an jeden anständigen Sarg gehören". Trotz dieses schlechten Rufs kam die aerodynamische Maschine überall in der Welt bei Einheiten der US Air Force, Royal Air Force und Royal Australian Air Force zum Einsatz.

Hersteller: Glenn L. Martin Co.
Typ: Fünf- bis siebensitziger mittlerer Bomber.
Triebwerk: Zwei zweireihige 18-Zylinder-Sternmotoren vom Typ Pratt&Whitney Double Wasp; (B-26) R-2800-5 mit je 1850 PS; (A) R-2800-39 mit je 2000 PS; (B, C, D, E, F, G) R-2800-43 mit je 2000 PS.
Maße: Spannweite (B-26, A und die ersten 641 B-26B) 19,8 m; (übrige Modelle) 21,64 m, Länge (B-26) 17 m; (A, B) 17,7 m; (F, G) 17,23 m; Höhe (bis Modell E) 6,04 m; (übrige Modelle) 6,55 m; Flügelfläche 55,93 m^2 (Spannweite 19,8 m) bzw. 61,13 m^2 (Spannweite 21,64 m).
Gewicht: Leer (typisch, frühe Modelle) 10 433 kg; (F, G) 11 490 kg; absolutes Höchstgewicht (B-26) 14 515 kg; (A) 14 980 kg; (F) 17 235 kg; (G) 17 340 kg.
Leistung: Höchstgeschwindigkeit (bis Modell E, typisch) 500 km/h; (F, G) 451 km/h; Flughöhe (bis Modell E) 7000 m; (F, G) 6040 m; Reichweite mit 1361 kg Bombenzuladung (typisch) 1850 km.
Bewaffnung: (B-E) Ein handgezieltes 12,7-mm-MG im Bug, Turm mit Zwillings-MG; zwei handgezielte 12,7-mm-MGs an den Seiten, ein „Tunnel-MG“ (normalerweise 12,7 mm), zwei 12,7-mm-MGs im Heckturm und vier 12,7-mm-MGs als „Paket“ an den vorderen Rumpfseiten; (F, G) ebenso, jedoch ohne „Tunnel-MG“. Interne Bombenzuladung 2359 kg bis zum 641. Modell B, danach wurde der hintere Schacht nicht mehr benutzt (bei F und G nicht mehr eingebaut), Bombenzuladung nun 1814 kg.

Abbildungen unten: (von oben nach unten): B-26B-55 der 397. Bomb Group in Dreux, Frankreich, im September 1944; Marauder IA des 14. Sqn der Royal Air Force in Fayid, Ägypten, Ende 1942 als Torpedobomber.

Messerschmitt Bf 109

„Der Jägerpilot muß stets handeln wie ein Duellant: kühl, präzise, unpersönlich. Er hat das Privileg, gut zu töten. Wenn man stets vor der Wahl steht, zu töten oder getötet zu werden, sollte es mit Würde getan werden."

Richard Hillary, der diese Worte in „The Last Enemy" niederschrieb, kämpfte 1940 über England mit seinen anonymen Gegnern in ihren kühlen, perfekten Bf 109. Willy Messerschmitts flinke und trotzdem zähe Maschine verdiente sich ihre Sporen in Spanien und führte dann die Duelle auf Leben und Tod über Rußland, der Wüste und schließlich über dem Vaterland selbst fort.

Eine willkommene Bereicherung zu dem üblichen Geräusch der Merlin-Triebwerke in den nachempfundenen Luftkämpfen ist der Klang des originalen Daimler-Benz-Triebwerks mit Benzineinspritzung in dieser Bf 109 „Gustav". Dieses Flugzeug diente beim 77. Jagdgeschwader in Libyen. Das liebste Flugzeug der meisten deutschen Fliegerasse ist heute eine gesuchte Rarität, denn von den 34 000 gebauten Exemplaren existiert nur noch eine Handvoll.

Ob in der Luft oder am Boden, die furchteinflößende Bf 109 wird als unerbittlicher Gegner der Spitfire und Hurricane unvergeßlich bleiben. Diese perfekt restaurierte „Gustav“ wurde 1942 in Leipzig gebaut und war kurz beim 77. Jagdgeschwader in Libyen im Einsatz. Schließlich gelangte sie als Kriegsbeute nach England und wurde dort genauestens untersucht. 1991 war sie zum ersten Mal seit 1945 wieder in der Luft.

In Duxford zeigt die „Bf 109J“ der The Old Machine Flying Company die Farben des Jagdgeschwaders 26, das in Frankreich und Malta stationiert war. Im Vorbeiflug sind ihre typischen, eckigen Formen gut zu erkennen. Tatsächlich handelt es sich bei ihr um eine Buchon, die 1943 für die spanische Luftwaffe gebaut wurde. Sie hat in vielen Filmen mitgespielt und wurde ursprünglich von einem Hispano-Suiza-Triebwerk angetrieben. Inzwischen ist es durch ein Merlin ersetzt worden.

„Achtung Spitfire!“ Die Fliegerasse mit ihren Bf 109 erhielten 1943 und 1944 solche Spitznamen wie „Braunschweiger Kampfbastarde“ und „Abbeville Kids“ und waren bei Jägern und Bombern der Alliierten gleichermaßen gefürchtet. Inzwischen fliegt diese Bf 109 friedlich Seite an Seite mit den ehemaligen Gegnern wie zum Beispiel der Spitfire. Am Himmel über Duxford wird dabei manches friedliche Duell ausgetragen.

Hersteller: Bayerische Flugzeugwerke.
Typ: Einsitziger Jäger (viele als Jagdbomber).
Triebwerk: (B, C) Ein V-12 in hängender Anordnung vom Typ Junkers Jumo 210D mit 635 PS; (D) Daimler-Benz DB 600 Aa mit 1000 PS; (E) DB 601A mit 1100 PS, DB 601N mit 1200 PS oder DB 601 E mit 1300 PS; (F) DB 601E; (G) DB 605-A1 mit 1475 PS oder ähnliche Baureihe bis DB 605D mit 1800 PS.
Maße: Spannweite (A-E) 9,87 m; (andere) 9,92 m; Länge (B, C) 8,51 m; (D, E, typisch) 8,64 m; (F) 8,85 m; (G) 9,04 m; Höhe (E) 2,28 m; (andere) 2,59 m.
Gewicht: Höchstgewicht beladen (B-1) 2197 kg; (E) 2505 kg bis 2665 kg; (F-3) 2472 kg; (G) normalerweise 3400 kg.
Leistung: Höchstgeschwindigkeit (D) 517 km/h; (E) 560 – 570 km/h; (G) 569 – 690 km/h; Reichweite mit Innentankkraftstoff (alle Modelle, typisch) 700 km.
Bewaffnung: Höchst unterschiedlich; die am häufigsten gebaute G-6 hatte eine 30-mm-Kanone vom Typ MK 108, zwei MG 131 über dem Triebwerk und zwei MG 151 unter den Tragflächen.

Abbildungen unten: (von oben nach unten): Bf 109D der Jagdfliegerschule 1, 1940; Bf 109E-7B der II. Gruppe in der Nähe von Stalingrad 1942; Bf 109G-6 der IV. Staffel, Jagdgeschwader 5 in Wintertarnung mit Schneeflecken.

B-25 Mitchell

„Als Jimmys Flugzeug über das Deck der Hornet raste, schwitzten alle Männer mit ihm, bis er endlich in der Luft war. Ein Pilot war kurz davor zu überziehen. Wir waren schon fast dabei, uns die schlimmsten Auswirkungen auszumalen."

Diese Zeilen schrieb Admiral „Bull" Halsey, der zusah, wie Jimmy Doolittle seine berühmten Bomber vom schwankenden Deck der USS Hornet zum Angriff auf Tokio führte. Diese zuverlässigen Bomber erhielten ihren Namen von General Billy Mitchell. Sie warfen ihre Bomben auf Schiffe im Pazifik, auf Festungen in Norditalien und auf Panzerkolonnen in der Normandie.

Eine silberglänzende Mitchell in makellosem Zustand wartet auf dem Liegeplatz, die MGs schußbereit. Der Bomber mit den zwei Heckleitwerken zeichnete sich besonders durch seine Feuerkraft aus. Mit den schlagkräftigen MGs wurden japanische Flugzeuge in Rabaul vernichtet, und mit der übermächtigen 75-mm-Kanone wurden Schiffe und Bodenziele in den Lagunen und auf den Atollen des Pazifik attackiert.

AIR FORCE

Ob mit offenen Bombenschächten vor dem rauchgeschwängerten Himmel oder bei der Landung in Geneseo Valley, „Panchito" weckt stets Erinnerungen an die Zeit im Pazifik, als die B-25 unter den japanischen Schiffen verheerende Schäden anrichtete. Mit der neuartigen Taktik des Abprallerbombenwurfs und bei Überfällen war sie dank der Feuerkraft ihrer 75-mm-Bugkanone unschlagbar. Im Juli 1945 geriet eine B-25 in die Schlagzeilen, als sie das Empire State Building in New York streifte.

„Panchito" kurvt im Tiefflug über dem nordamerikanischen Himmel und zeigt alle Attribute ihrer konzentrierten Feuerkraft. Die drehbaren Türme und die hämmernden MGs waren jedem Piloten gewachsen, der mit einer Zero oder Bf 109 die Herausforderung suchte. In der Ausführung für Bodenangriffe konnte die B-25 vierzehn 12,7-mm-MGs auf ihre Ziele richten.

Dieser große und dennoch wendige mittlere amerikanische Bomber war als leichtes, schnelles Angriffsflugzeug geplant. Die „Yankee“ zeigt sich hier in all ihrer Pracht beim langsamen Steigflug. Die B-25 war anpassungsfähig und zuverlässig und wurde nicht nur bei der US Air Force und der Royal Air Force, sondern auch bei der russischen Luftwaffe und bei den freien niederländischen und französischen Truppen eingesetzt, wo sie eine Vielzahl von Aufgaben zu erfüllen hatte.

Hersteller: North American Aviation Inc.
Typ: Vier- bis sechssitziger mittlerer Bomber und Angriffsflugzeug.
Triebwerk: (B-25, A, B) Zwei zweireihige 14-Zylinder-Sternmotoren vom Typ Wright R-2600-9 Cyclone mit je 1700 PS; (C, D, G) zwei R-2600-13 mit je 1700 PS; (H, J, F-10) zwei R-2600-29 mit je 1850 PS.
Maße: Spannweite 20,6 m; Länge (B-25, A) 16,7 m; (B, C, J) 16,1 m; (G, H) 15,54 m; Höhe 4,80 m; Flügelfläche 56,67 m^2.
Gewicht: Leer (J, typisch) 9580 kg; absolutes Höchstgewicht (A) 12 293 kg; (B) 12 991 kg; (C) 15 422 kg; (G) 15 876 kg; (H) 16 350 kg; (J) Überladung bis 18 960 kg.
Leistung: Höchstgeschwindigkeit 443 km/h; Flughöhe (späte Modelle, typisch) 7315 m; Reichweite (alle, typisch) 2414 km.
Bewaffnung: (J) dreizehn 12,7-mm-MGs und eine Bombenzuladung von 1814 kg; eine Angriffsversion der J hatte einen massiven Bug mit fünf zusätzlichen 12,7-mm-MGs.

Abbildungen unten: (von oben nach unten): B-25C-15 des 488. Bomb Sqn. in Tunesien 1943; B25J-32 des 499. Bomb Sqn. „Bats Outa Hell", le Shima, Juli 1945; B-25J des 498. Bomb Sqn, Luzon, Philippinen, 1945.

Mosquito

„Ich zog über das Shell-Gebäude hinweg und ging dann fast bis auf Straßenhöhe hinunter. Ich sah, wie die Flak kurz über den Dächern explodierte. Eine Mosquito kreuzte unsere Bahn, knapp drei Meter über uns.“

De Havillands bemerkenswerte und radikale Konstruktion sorgte bei den Gegnern Tag und Nacht für Unruhe. Basil Embry beschreibt hier einen Tiefflugangriff auf eine Gestapo-Zentrale in Holland. Mit vielen Angriffen dieser Art versetzte das „hölzerne Wunder“ den Gegnern immer wieder Nadelstiche und verbesserte damit die Moral der eigenen Truppen, bis Europa wieder frei war.

Diese Nahaufnahme zeigt das „hölzerne Wunder“ über der gelb-grün-gescheckten Landschaft von England und weckt Erinnerungen an den Film „633 Squadron“. Dieser Film bietet einer neuen, jungen Generation von Flugzeugenthusiasten die Gelegenheit, noch einmal die Zeiten nachzuerleben, als die gegnerischen Sirenen voll nervöser Anspannung auf die unwillkommene Ankunft der „Mossies“ warteten.

HT
RR299

Die Mosquito wurde aus Holz gebaut, um die knappen, kostbaren Metalle zu sparen. Zusammengebaut wurde sie in verschiedensten Kriegsbetrieben und Heimindustrien. Diese T. Mk III war eine von 50, die 1945 von der London Omnibus Co. in Leavesden gebaut wurden. Inzwischen gehört sie Hawker Siddeley Aviation und trägt immer noch die Phantasiekennzeichen „HT-E“, die ihr für den Film „633 Squadron“ verpaßt wurden.

Hersteller: The de Havilland Aircraft Company.
Typ: Konstruiert als Hochgeschwindigkeits-Tagesbomber, aber später wurden auch andere Varianten entwickelt.
Triebwerk: (Mk II, III, IV und frühe V) zwei Rolls-Royce Merlin 21 mit je 1230 PS; (spätere FB.VI) zwei Rolls-Royce Merlin 25 mit je 1635 PS; andere Varianten mit stärkeren Merlin-Triebwerken.
Maße: Spannweite 16,5 m; Länge (meistens) 12,34 m; Höhe (meistens) 4,66 m.
Gewicht: Leer (Mk II-VI) ca. 6396 kg; maximales Startgewicht (Mk IV und VI) 10 200 kg.
Leistung: Höchstgeschwindigkeit (III, IV und VI) 612 km/h; (IX, XVI und 30) 660 km/h; Flughöhe (fast alle Modelle) 10 520 m; (Mk XV) 13 410 m; Reichweite (typisch) 2990 km.
Bewaffnung: Bei den meisten Modellen vier 20-mm-Kanonen unter dem Boden und vier 7,62-mm-MGs im Bug; (B.IV) mit vier 227-kg-Bomben intern; (FB.VI) mit zwei 113-kg-Bomben in hinteren Bombenschächten und zwei an den Tragflächen oder acht 27-kg-Raketen; (B-IX) mit vergrößertem Bombenschacht für eine 1814-kg-Bombe; (FB.XVIII) mit einer 57-mm-Molins-Kanone und acht 27-kg-Raketen; (Mk.33) mit Torpedoausrüstung.

Abbildungen unten: (von oben nach unten): PR.XVI des 653. Bomb Sqn (Light) der 8th US Air Force in Watton, Norfolk; B.XVI des 371. Sqn in Oakington, Ende 1944.

P-51 Mustang

„Im Vergleich zu allen anderen Jägern, die ich gesehen oder geflogen hatte, war sie wunderschön. Es war Liebe auf den ersten Blick. Schließlich hatte North American Aviation sein Wort gehalten und uns den besten Jäger der Welt gebaut."

Pete Hardiman, ein P-51-Pilot der 8th US Air Force, erzählt uns vom besten Jäger des Zweiten Weltkriegs. Er eskortierte die schweren Bomber zu ihren Zielen und auch wieder zurück. Wie die silbernen Kugeln aus irgendeiner germanischen Legende versetzten die in glänzendes Aluminium gekleideten „kleinen Freunde" den Gegnern schließlich den Todesstoß.

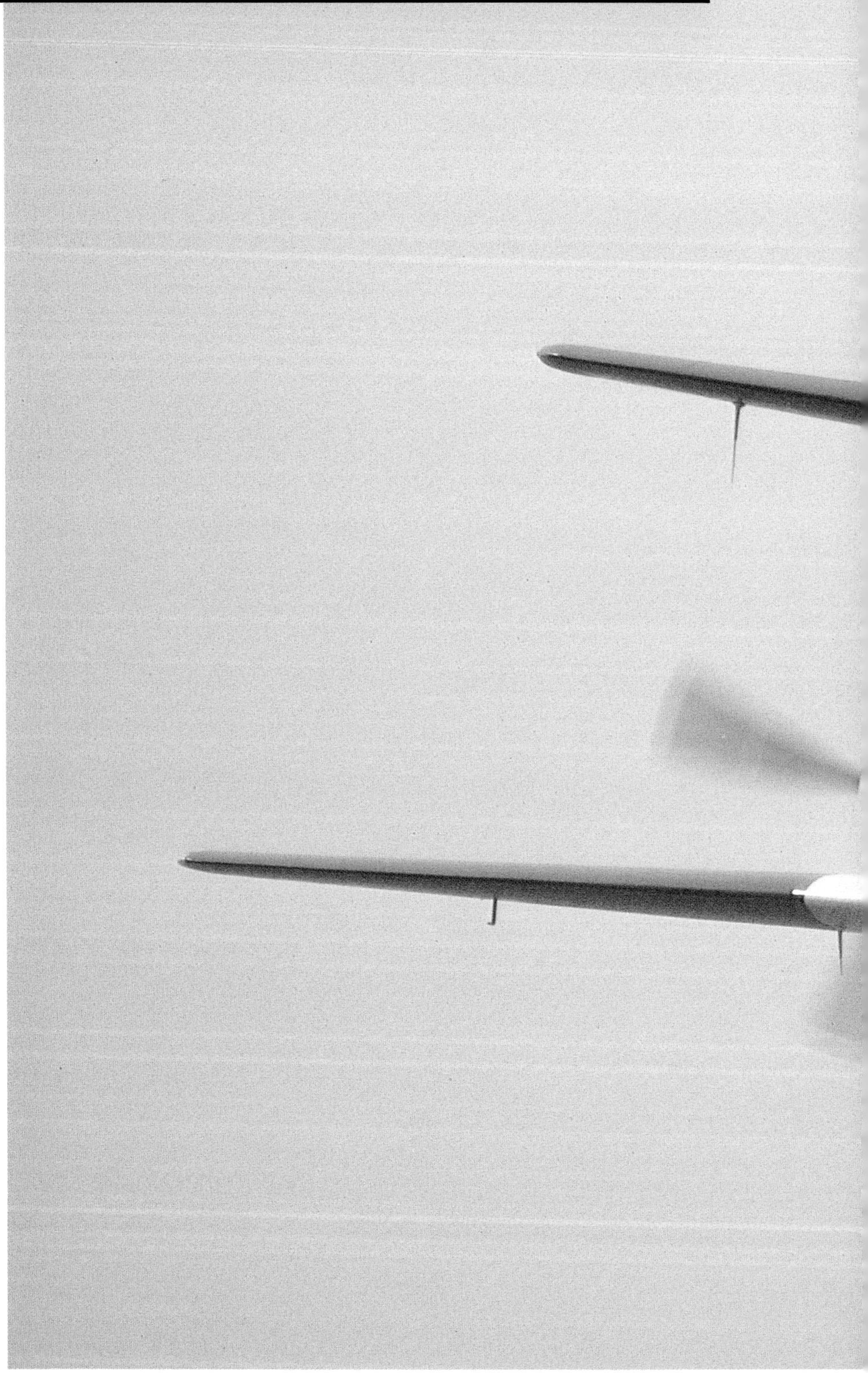

Bei diesem Anblick fängt der Puls an zu rasen – zwei Mustangs im Tiefflug nach der Rückkehr von einem imaginären Luftkampf über Frankreich oder einem Angriff über Deutschland. Aus welchem Grund auch immer, bei Kennern ist der Anblick dieser entfesselten Rennpferde im vollen Galopp hochgeschätzt. Auch das kehlige Grollen ihrer Merlins erweckt die Bewunderung ihrer Liebhaber.

Miss L
CISCO

Im hochglanzpolierten linken Flügel von „Petie 3rd“ spiegeln sich gelbe Hakenkreuze und das Staffelabzeichen. Die Maschine trägt die Farben ihrer berühmten Vorgängerin „Petie 2nd“, mit der Lieutenant Colonel John C. Meyer vom 487. Fighter Sqn, 352. Fighter Group, vom August 1944 bis zum Januar 1945 in England insgesamt 23 Luftsiege verbuchte.

Im Film „Memphis Belle“ erschien diese P-51D der The Old Flying Machine Company mit der vielleicht nicht sehr passenden Aufschrift „Ding Hao“ (chinesisch für „sehr gut“). Der Grund dafür ist, daß diese in Australien in Lizenz gebaute Maschine Mitte der 70er Jahre in Hongkong wieder aufgebaut wurde. „Double Trouble Two“ trägt die berühmten schwarz-gelb-karierten Farben der 353. Fighter Group.

Die schwarzen Propeller kreisen wie rasend durch die Luft, während die silbrig glänzende Verschalung in einer dramatischen Verschmelzung von Licht und Eleganz das mächtige Packard-Merlin-Triebwerk verbirgt. „Hurry Home Honey" trägt die Farben von Major Richard A. Peterson des 364. Fighter Sqn., 357. Fighter Group, der in zwei gleichnamigen P-51 von 1944 bis 1945 152 Abschüsse verbuchte.

David Gilmour rollt in seiner rotnasigen „Debden Eagle“ mit heruntergestellten Klappen nach einem Luftausflug aus. Im Zweiten Weltkrieg bestand die berühmte 4. Fighter Group aus ehemaligen „Eagle Squadron“-Piloten wie Gentile und Blakeslee – amerikanische Freiwillige, die Großbritannien in der Stunde der größten Not beistanden und sich schließlich der 8th Air Force anschlossen.

Als schließlich die ersten Langstreckenjäger vom Typ P-51 über Berlin auftauchten und sogar die schweren Bomber bis nach Rußland eskortierten, war auch Hermann Göring klar, daß seine Luftwaffe nichts mehr gegen die ständigen Angriffe der Alliierten unternehmen konnte. Die Besatzungen der schweren Bomber waren voller Lob über den Elan der P-51-Piloten, die über sie wachten.

Gelegentlich landeten die einsitzigen Jäger über feindlichem Gebiet und nahmen abgeschossene Flieger rechtzeitig auf. Sie brachten sie in Sicherheit, bevor sie als Kriegsgefangene in die Hände des Gegners fielen. Diese P-51 trägt die Kriegsfarben der „Old Crow", die von Captain Clarence E. Anderson von der 363. Fighter Sqn, 357. Fighter Group, geflogen wurde. In 116 Einsätzen zerstörte er 164 feindliche Flugzeuge.

Die Bodenbesatzungen hielten die P-51 unter allen Klimabedingungen stets einsatzbereit, trotz Gefechtsschäden und ständiger Bedrohung durch den Feind. Sie waren so erfolgreich, daß die Mustangs 1945 in immer größerer Zahl vor Berlin und Tokio auftauchten. Die P-51, zweifellos der beste Jäger des Zweiten Weltkriegs, flog Einsätze in Nordafrika, Italien, Frankreich und über dem Pazifik.

Hersteller: North American Aviation Inc.
Typ: (P-51) einsitziger Jäger; (A-36) Jagdbomber.
Triebwerk: (P-51; A-36) ein Allison V-1710-F3R mit 1150 PS; später (P-51D) V-1650-7 (von Packard in Lizenz gebauter Rolls-Royce Merlin) mit 1596 PS.
Maße: Spannweite 11,29 m; Länge 9,81 m; Höhe 4,1 m; Flügelfläche 21,65 m^2.
Gewicht: Leer (P-51D) 3230 kg; Höchstgewicht beladen (P-51D) 5260 kg.
Leistung: Höchstgeschwindigkeit (P-51D) 703 km/h; Anfangssteigleistung (frühe Modelle) 792 m/min; (P-51D) 1060 m/min; Flughöhe (P-51D) 12 770 m; Reichweite vollbetankt mit Abwurftanks (P-51D) 2092 km.
Bewaffnung: (P-51) vier 20-mm-Hispano-Kanonen an den Tragflächen; (A-36A) zwei 12,7-mm-MGs in der Motorhaube und vier an den Tragflächen, dazu Träger für zwei 227-kg-Bomben; (alle folgenden P-51-Serienmodelle) sechs 12,7-mm-Browning-MG53-2 mit je 270 oder 400 Schuß und Träger unter den Tragflächen für Abwurftanks oder zwei 454-kg-Bomben; (Cavalier oder Turbo, typisch) sechs 12,7-mm-MGs mit je 2000 Schuß, zwei Befestigungen für 454-kg-Bomben und vier weitere für 313-kg-Bomben.

Abbildungen unten: (von oben nach unten): A-36A der 27. Fighter-Bomber Group auf Korsika im Juli 1944 mit Markierungen für 190 Einsätze; Mustang III des 19. Sqn der Royal Air Force im Sommer 1944.

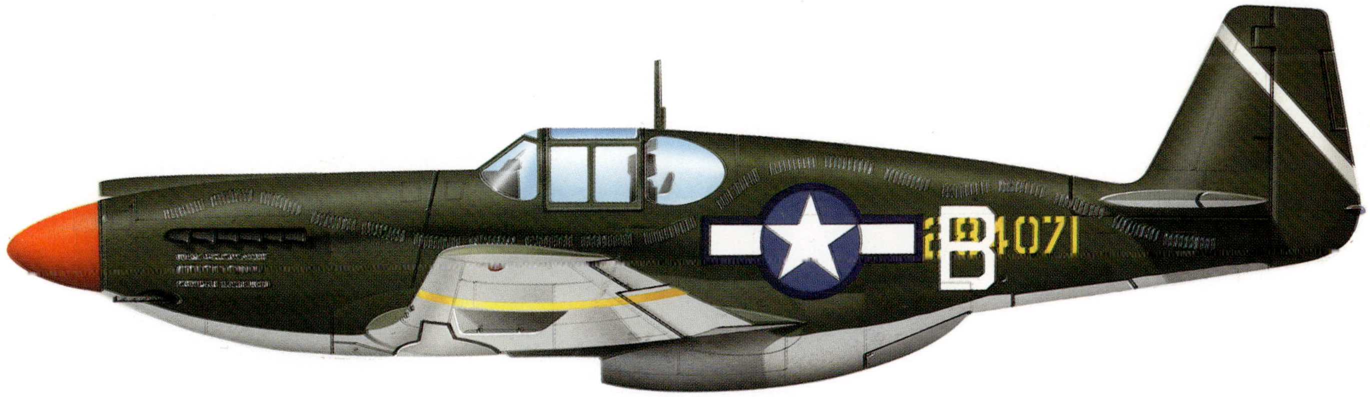

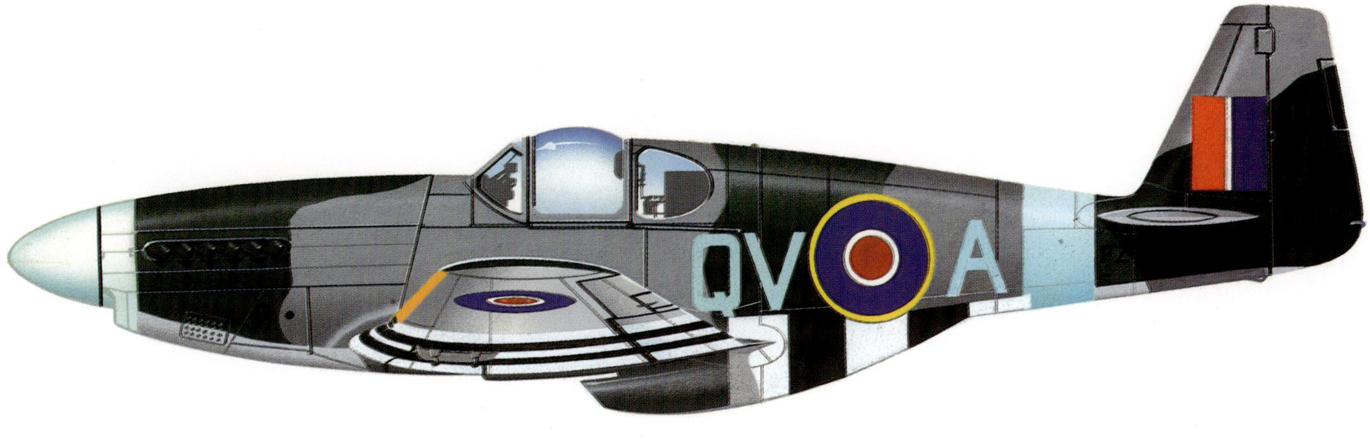

Spitfire

„Die kleine Spitfire schaffte es irgendwie, die britische Nation in einer Zeit schlechtester Aussichten wieder aufzurichten. So wurde sie in einer verzweifelten, ja fast hoffnungslosen Situation zum Symbol für Trotz und Erfolg."

So sprach Testpilot Jeffrey Quill. Die Spitfire war viel mehr als ein außerordentlich erfolgreicher Jäger, sie war das Symbol des hart erkämpften Sieges, und die Briten wurden von der deutschen Luftwaffe um sie beneidet. Das zierliche Flugzeug mit der unwahrscheinlich ästhetischen Figur war das Ergebnis jahrelanger Erfahrungen mit den Seeflugzeugen für die Schneider Trophy und hatte daher einen hervorragenden Stammbaum.

„Feuer über England!" Wie sehr paßt dieser Ausruf zu diesem Bild, auf dem der berühmte Jäger aus den Supermarine-Konstruktionsbüros elegant durch die sonnendurchfluteten Wolken kurvt und seine Herrlichkeit und Überlegenheit zur Schau stellt. Diese äußerlich so empfindliche und dennoch robuste Maschine ist immer noch bei Luftfahrtschauen in aller Welt der gefeierte Mittelpunkt. Sie setzt sich in Szene wie einst mit Bader, Lacy und Tuck.

Während der Schlacht um England arbeiteten die Bodenbesatzungen auf solchen Flugplätzen die ganze Nacht, bis im Morgengrauen die Piloten eintrafen, um sich auf das Gefecht vorzubereiten. Die Luft erzitterte unter dem Grollen der Merlin-Triebwerke, die vor dem Flug getestet wurden. Kurz darauf kam dann der Alarm, die Piloten sprinteten zu ihren Flugzeugen, und die Motoren wurden wieder zum Leben erweckt, diesmal aber für den Ernstfall.

Die inzwischen legendären Rolls-Royce-Merlin- und Griffon-Triebwerke haben entscheidend zum Erfolg der Spitfire beigetragen. Das Herz der Maschine wurde mit viel Mühe in den engen Raum vor der Kabine gequetscht, so daß der letzte Zentimeter ausgenutzt wurde. Die Kombination mit den unverkennbaren Konturen der Spitfire schuf eine perfekte Verschmelzung von unwiderstehlicher, roher Kraft und robuster Eleganz.

Wie mit gekreuzten Schwertern duellieren sich die unsterblichen Spitfire und Hurricane über der idyllischen englischen Landschaft. 1940 haben hier die jungen Piloten von Dowding den Angriffen der deutschen Bomber standgehalten. Zwei Jahre zuvor war Duxford die erste Heimat für die Spitfire geworden. Mit ihrer modernen Konstruktion war sie ihren Vorgängern, den Gauntlet-Doppeldeckern, um Jahrzehnte voraus.

„Nie zuvor in der Kriegsgeschichte war so wenigen so viel zu verdanken", schrieb Winston Churchill nach dem erfolgreichen Abschluß der Schlacht um England. Zwei Spitfire der The Old Flying Machine Company zeigen hier ihre leicht gebogenen Flügel bei einem Kunstflug über Cambridgeshire. Für eine neue Generation von Bewunderern spielen sie Szenen aus der Schlacht nach.

Dieses attraktive Triumvirat von Spitfires fliegt in enger Formation. So tauchten sie Ende 1944 über dem europäischen Kontinent auf. Gekennzeichnet sind sie durch die Streifen, die auf die Landung in der Normandie hinweisen. Einen internationalen Touch erhält die Formation durch Ray Hannas Mk IX, die in belgischen Farben fliegt. Und keine Hochzeit ohne Rolls-Royce – wenn es sich hier auch lediglich um eine Mk XIV mit Griffon-Triebwerk handelt.

Auf dem Gedächtnisflug für die Schlacht um England folgen eine neugierige Spitfire XIX und eine Hurricane dem Lancaster-Mutterschiff nach Fairford. Fünf Spitfire werden von der Royal Air Force geflogen. Diese Hurricane, die ausgerechnet die Farben von James Nicholson trägt, der 1940 schwere Brandverletzungen erlitt, geriet im September 1991 in Brand und stürzte ab.

„Wenn die Glocke schlägt, lauft wie um euer Leben", ertönte der Alarmruf, und die wenigen Piloten sprangen auf ihre wartenden Spitfire, stürzten sich in den Kampf und fochten ihre Duelle mit den Gegnern über Südengland aus. Diese Mk VII gehörte ehemals der indischen Luftwaffe und wurde 1980 von Stephen Grey gekauft, der sie restaurierte und 1984 in Booker in einen Einsitzer vom Typ LF. Mk IXe umbaute.

Hersteller: Supermarine Aviation Works (Vickers) Ltd.
Typ: Einsitziger Jäger, Jagdbomber oder Aufklärer.
Triebwerk: Ein Rolls-Royce Merlin oder Griffon V-12.
Maße: Spannweite 11,23 m; mit gestutzten Außenflächen 9,80 m; Länge 9,12 m; später mit Griffon-Triebwerk (typisch) 9,96 m; Höhe 3,48 m; mit Griffon-Triebwerk (typisch) 3,89 m.
Gewicht: Leer (Mk I) 2182 kg; (IX) 2545 kg; (XIV) 3040 kg; Höchstgewicht beladen (I) 2624 kg; (IX) 4310 kg; (XIV) 4663 kg.
Leistung: Höchstgeschwindigkeit (I) 580 km/h; (IX) 657 km/h; (XIV) 721 km/h; Anfangssteigleistung (I) 770 m/min; (IX) 1250 m/min; (XIV) 1396 m/min; Reichweite mit Innentankkraftstoff (I) 637 km; (IX) 700 km; (XIV) 740 km.
Bewaffnung: (Mk I, Mk XIII) vier 7,62-mm-MGs; (Mk IA, IIA, VA) acht 7,62-mm-MGs; (Mk IB, IIB, VB, Mk V1, Mk F.XIV) zwei 20-mm-Kanonen und vier 7,62-mm-MGs; (Mk VC) verschiedene Kanonen bzw. MGs und zwei 113-kg-Bomben; Mk V alle mit Mittelträger für eine 227-kg-Bombe; (Mk IXE, Mk F.XIVE) zwei 20-mm-Kanonen und zwei 12,7-mm-MGs; (Mk 21) vier 20-mm-Kanonen und 454-kg-Bomben.

Abbildungen unten: (von oben nach unten): PR.XI von der 7. Photo Group der US Air Force 1944; Mk VB der Forca Aerea Portuguesa 1943.

B-29 Superfortress

„Fünfzig Meilen entfernt von uns ging die Bombe auf der Steuerbordseite hoch. Wie blaß war doch im Vergleich Wilhelmshaven, wie unbedeutend Bergerac. Ganz besonders angesichts der Ruinen, die überall zu sehen waren."

Fast prophetisch sang 1942 ein Bombenschütze an Bord einer B-17 „Ich will nicht die Welt in Brand setzen" über sein Bordfunkgerät. Drei Jahre später bombardierte die große Schwester der B-17 systematisch japanische Städte und mit dem Beginn des Atomzeitalters Hiroshima und Nagasaki in Schutt und Asche. Leonard Cheshire erlebte den Abwurf einer Atombombe über Nagasaki im August 1945.

Ein glühender Sonnenaufgang in Texas und eine B-29 Superfortress in Ruhestellung beschwören Erinnerungen an den Atomblitz herauf, mit dem der Zweite Weltkrieg endgültig beendet wurde. Die massive Maschine ließ ihre kleine Schwester, die B-17, wie einen Zwerg erscheinen. Sie hätte auch die B-17 in Europa ersetzt, wenn Deutschland nicht schon kapituliert hätte. Nach dem Krieg erhielten die US Air Force und die Royal Air Force die B-29, weil schon wieder neue Konflikte heraufzogen.

Der große Bomber „Fifi" bietet einen wundervollen Anblick, wenn er bei der Landung seinen riesigen Schatten auf Rebel Field, die Heimat der Confederate Air Force, wirft. Die Kunst der Boeing-Ingenieure war von Anfang an an der glatten Außenhaut, der großen Flügelstreckung, den Druckkabinen und den insgesamt zehn MGs in ferngelenkten Waffentürmen zu erkennen. Mit diesen technischen Details war die Boeing ihrer Zeit weit voraus.

„Fifi" zeigt ihre vier mächtigen aufgeladenen Wright-R-3350-Triebwerke, die auf Höhe des Meeresspiegels 2200 PS mobilisieren. Sie war schon 17 Jahre nicht mehr in der Luft gewesen, als die US Air Force der Confederate Air Force erlaubte, sich in der Nähe von China Lake, Kalifornien, eine B-29 auszusuchen. Dieses grausige Vorzeichen des weltweiten Luftkriegs wurde wieder in einen flugbereiten Zustand versetzt und flog 1971 triumphierend nach Harlingen, Texas.

Durch ihre Reichweite von 5080 km bei einer Bombenzuladung von 5443 kg war die B-29 ideal für die Einsätze im Pazifik. 1944 flogen die gefürchteten „Bni-Ju", wie sie von den Japanern genannt wurden, von Indien über den Himalaja und brachten Versorgungsgüter zu vorgeschobenen Stützpunkten in China. Kurz darauf begannen sie, Japan aus großer Höhe zu bombardieren und auch im Tiefflug Brandbomben abzuwerfen.

Hersteller: Boeing Airplane Co.
Typ: Bomber zum Einsatz in großen Höhen, Besatzung 10-14 Mann.
Triebwerk: Vier 18-Zylinder-Sternmotoren mit jeweils zwei Turboladern vom Typ Wright R-3350-23 Duplex Cyclone mit je 2200 PS.
Maße: Spannweite 43,05 m; Länge 30,2 m; Höhe: 9,02 m; Flügelfläche: 161,56 m^2
Gewicht: Leer: 33 795 kg; Höchstgewicht beladen 61 240 kg.
Leistung: Höchstgeschwindigkeit 575 km/h in 9144 m Höhe; Dauergeschwindigkeit 467 km/h; Flughöhe 9708 m; Reichweite mit 4540 kg Bomben 5230 km.
Bewaffnung: Vier GE-12,7-mm-Zwillingstürme oben und unten, gezielt vom Bug oder drei Ständen in der Mitte; Rundumkanzel im Heck mit eigenem Bombenschützen und einer 20-mm-Kanone sowie einem 12,7-mm-Zwillings-MG oder drei 12,7-mm-MGs; interne Bombenzuladung bis zu 9072 kg. Die B-29 trug die zwei ersten Atombomben.

Abbildung unten: (von oben nach unten): B-29-45-W der 500. Bomb Group, 73. Bomb Wing im Pazifik 1945; RB-29A-45-BN als strategischer Aufklärer; B-29 vom Stützpunkt Tinian 1945 mit BTO-Radar für den Bombenwurf durch Wolken.

P-47 Thunderbolt

„Das Ausrollen war fast ein politischer Akt. Beim Abheben verpaßte sie dir einen Tritt in den Hintern! Pure Energie im Einsatz. Sie steigt wie ein heimwehkranker Engel und fällt wie ein Stein auf das Flugdeck."

Peter Hardiman beschreibt die berühmte „Thunder-jug" von Republic, einen riesigen Streitwagen, der von wundgerittenen Piloten auf unendlich langen Begleitflügen bis ins Paradies oder die Hölle und zurück geflogen wurde. Auf den europäischen Kriegsschauplätzen oder über dem Dschungel von Birma opferten sich die Gegner im Kampf gegen ihre zerstörerische, tödliche Feuerkraft auf.

Der Abendhimmel von Duxford ist der passende Hintergrund für einen der stärksten Vollblutjäger aus dem Zweiten Weltkrieg. Die schachbrettartig karierte Motorhaube und das Motto „No guts – no Glory" (Kein Mumm – kein Ruhm) lassen die Erinnerung an die T-Bolt von Lieutenant Ben Mayos 78. Fighter Group wieder aufleben, die 1944 hier in Cambridgeshire stationiert war.

No Guts -
No Glory!
HAND HOLD
HAND HOLD
FLAP RELIEF VALVE
MX

„No guts – no Glory“ wird von der rohen Gewalt ihres 18-Zylinder-Sternmotors in die Luft katapultiert, gerade so, als ob eine riesige Hand die Maschine von hinten greift und in den Himmel befördert. Wenn sie erst einmal in der Luft war, war die „Jug“ absolut tödlich. Trotzdem hätten viele ihrer Piloten, wie zum Beispiel die 56. Fighter Group, sie um keinen Preis gegen die wendigere P-51 eingetauscht.

Die elegant gemeißelten Linien stellen die Kugelform der Kabine heraus, die wie ein Regentropfen auf dem Rumpf von „Big Ass Bird II" klebt. T-Bolts und ganz besonders die P-47F mit dem glatt abgeschnittenen Heck sind extrem selten. In den letzten Jahren hat sich die Lage etwas gebessert, weil sechs P-47M aus Peru die Luftfahrtausstellungen in aller Welt um diese großen Jäger bereichern.

Der aufsässige Bronco von Republic war ein schweres Stück Eisen, das durch die acht 12,7-mm-MGs mit über 2000 Schuß auch nicht gerade leichter wurde. Sie ließ sich absolut keine Zügel anlegen. Es erforderte schon ganz besonders viel Mut, ein paar hundert Meter im Sturzflug zurückzulegen und sie abzufangen, bevor es zu spät war. Diese P-47M stammt aus einem peruanischen Stall und hat das entsprechende südamerikanische Temperament.

Hersteller: Republic Aviation Corporation.
Typ: Einsitziger Jäger; (D und N) Jagdbomber.
Triebwerk: Ein zweireihiger 18-Zylinder-Sternmotor vom Typ Pratt&Whitney R-2800 Double Wasp; (B) R-2800-21 mit 2000 PS; (C, fast alle D) R-2800-59 mit 2300 PS; (M,N) R-2800-57 oder -77 mit 2800 PS.
Maße: Spannweite (außer N) 12,4 m; (N) 12,98 m; Länge (B) 10,6 m; (C, D, M, N) 11,03 m; Höhe (B) 3,8 m; (C, D) 4,3 m; (M, N) 4,5 m; Flügelfläche (außer N) 27,87 m^2; (N) 29,9 m^2.
Gewicht: Leer (B) 4087 kg; (D) 4853 kg; Höchstgewicht beladen (B) 5760 kg; (C) 6770 kg; (D) 8800 kg; (M) 6659 kg; (N) 9616 kg.
Leistung: Höchstgeschwindigkeit (B) 659 km/h; (C) 693 km/h; (D) 690 km/h; (M) 752 km/h; (N) 751 km/h; Anfangssteigleistung (typisch) 855 m/min; Flughöhe (B) 11 582 m; (C-N) 12 800 – 13 000 m; Reichweite mit Innentankkraftstoff (B) 952 km; (D) 1600 km; Höchstreichweite mit Abwurftanks (N) 3800 km.
Bewaffnung: (außer M) Acht 12,7-mm-Colt-Browning-M2-MGs an den Tragflächen mit jeweils 267, 350 oder 425 Schuß; (M) sechs 12,7-mm-MGs; (D und N) drei bis fünf Träger für Außenlast wie Tanks, Bomben oder Raketen bis zu 1134 kg.

Abbildungen unten: (von oben nach unten): P-47D-30 des 366. Fighter Sqn der 9. Air Force, eingesetzt 1944 gegen zurückweichende deutsche Truppen; P-47D-30RA des 512. Fighter Sqn 1945 in der nördlichen Besatzungszone von Deutschland.

P-40 Warhawk

„Als die Amerikaner sahen, wie die Buffaloes (F-2A) bei den japanischen Angriffen über Rangun wie die Fliegen fielen, stiegen die Aktien der P-40, bis die amerikanischen Freiwilligen sich schließlich weigerten, ihre P-40 gegen Hurricanes einzutauschen."

Claire Chennault, Kommandierender Offizier der „Flying Tigers". In der Luft war die P-40 der Zero in keiner Weise gewachsen. Trotzdem hielten die Maschinen mit dem Haifischmaul, geflogen von jungen, gewitzten Freiwilligen, die Stellung in China. Die Warhawk war zwar lange vor dem Krieg konstruiert worden, wurde aber trotzdem an allen Fronten eingesetzt. Die Kittyhawks der Royal Air Force kämpften unterdessen mit viel Einsatz in der Wüste.

Eine P-40 in den prächtigen Farben von Nationalchina wird aus dem Sturzflug abgefangen und hält Kurs auf das Flugdeck. Obwohl die P-40 der Zero absolut unterlegen war, gelang es den amerikanischen Freiwilligen nach dem Motto „zuschlagen und nichts wie weg", insgesamt 286 japanische Flugzeuge zu zerstören. Sie verließen sich dabei auf die einzigartige Robustheit, das Gewicht und die überragenden Sturzkampfqualitäten ihrer Jäger.

An diesem blutrünstigen Zusammentreffen von Haifischzähnen und dem leeren Blick eines Totenschädels fehlen nur noch die gekreuzten Knochen. Viele talentierte Piloten haben die Motorhaube als Leinwand benutzt. Die Piloten der „Flying Tigers" kopierten diese Bilder nach Vorlagen aus der „India Illustrated Weekly". Dort wurden Bilder von Maschinen der Royal Air Force gezeigt, die mit ihren Haifischmäulern in der Wüste eingesetzt wurden. Die Männer von Chennault standen ihnen in keiner Weise nach.

Von den Amerikanern wurde sie Warhawk (Kriegsfalke) genannt, die Royal Air Force hingegen, etwas konservativer eingestellt, nannte die robusten Jäger zunächst Tomahawk und später Kittyhawk. Diese P-40N Kittyhawk gehört der The Fighter Collection und wurde 1943 von der Royal Canadian Air Force eingesetzt. Sie trägt die Farben des 122. „Shark Mouth" (Haifischmaul) Sqn, das in der Wüste eingesetzt wurde.

Vor der untergehenden Sonne hebt sich die Silhouette des langnasigen Jägers scharf ab. Charakterisiert durch den langen Lufteinlaß und das ausgeprägte Kühlergehäuse, handelt es sich zweifellos um einen Falken auf Beuteflug. Trotz der miserablen Leistungen des Allison-Triebwerks in großer Höhe wurde die P-40 ein Erfolg und diente bei nicht weniger als 28 verschiedenen alliierten Luftwaffen an allen Fronten.

Die unkomplizierte und dennoch bemerkenswert leistungsfähige Konstruktion von Curtiss hat ihren Ruhm vor allem bei den Einsätzen der amerikanischen Freiwilligen in China verdient. Obwohl ihre renommierten Konkurrenten ihr fast immer überlegen waren, hat dies ihrem Ruf nicht geschadet. Sie wurde sogar an der harten Front in Rußland eingesetzt und war für die Royal Air Force der wichtigste Jäger im Mittelmeerraum.

Die P-40 war zwar bei ihren Piloten nicht gerade beliebt, erwies sich aber als zuverlässiges Arbeitspferd. Einerseits verflucht wegen ihrer mangelnden Spritzigkeit, war sie andererseits sehr wendig und robust. Das markante Haifischmaul ließ sie vielleicht grimmiger erscheinen, als sie wirklich war, ist aber heute eine eindrucksvolle und vertraute Erinnerung an einen längst vergangenen Krieg.

Hersteller: Curtiss-Wright Corporation.
Typ: (A) einsitziger Jäger; (B) einsitziger Jäger für Aufklärung und Bodenangriffe; (C, D) einsitziger Jagdbomber.
Triebwerk: (A) P36A, ein zweireihiger 14-Zylinder-Sternmotor vom Typ Pratt&Whitney R-1830-13 Twin Wasp mit 1050 PS; Hawk 75A und Mohawk ein 9-Zylinder-Sternmotor vom Typ Wright GR-1820-G205A Cyclone mit 1200 PS; (B) ein flüssigkeitsgekühlter V12 vom Typ Allison V-1710-33 mit 1040 PS.
Maße: Spannweite 11,36 m; Länge (A) 8,7 m; (B) 9,7 m; (C) 9,55 m oder 10,14 m; (D) 10,14 m; Höhe (A) 2,89 m; (B, C, D) 3,75 m.
Gewicht: Leer (A) 2060 kg; (B) 2636 kg; (C) 2974 kg; (D) 3039 kg; beladen (A) 3020 kg; (B) 3393 kg; (C) 3960 kg.
Leistung: Höchstgeschwindigkeit (A) 488 km/h; (B) 555 km/h; (C) 582 km/h; Anfangssteigleistung (A) 762 m/min; (B) 807 m/min; (D) 646 m/min.
Bewaffnung: (A) P-36A, ein 12,7-mm- und ein 7,62-mm-Browning-MG über dem Triebwerk; P-36C wie P-36A, dazu zwei 7,62-mm-MGs an den Tragflächen.

Abbildungen unten: (von oben nach unten): Tomahawk IIB (AK401) der Royal Air Force von 1941 (mit vier Abschüssen); P-40 des 55. Sqn, 20. Pursuit Group (Verfolgungsgruppe) in Marsh Field, Kalifornien 1941; Tomahawk IIB des 154. IAP, der Baltischen Luftflotte unter der Roten Flagge 1942 in Leningrad.

F4F/FM Wildcat

„O'Hare flog seine Angriffe in bestechender Form. Seine Schüsse waren absolut treffgenau und tödlich. Ich sah die brennenden japanischen Maschinen gerade noch fallen, so schnell schoß er sie ab."

John Thach „Butch", O'Hares Rottenflieger, schrieb diese Zeilen an einem Tag, als er zusah, wie O'Hare fünf japanische Maschinen in einem einzigen Einsatz abschoß. Grummans Wildkatze war der Zero zwar von der Leistung her unterlegen, glich dies aber durch ihre legendäre Robustheit und Stabilität aus. In der Hand talentierter Piloten feierte sie manchen Luftsieg über Europa und dem Pazifik.

Diese Aufnahme zeigt die stämmige Wildcat von unten und betont besonders ihre kräftige, ökonomische Statur. Ursprünglich war die Wildcat als Doppeldecker geplant gewesen, aber was herauskam, war schließlich ein überzeugender Eindecker-Jäger, der die Japaner über dem Pazifik in Schach hielt und erst nach der Indienststellung der Hellcat auf die kleineren Begleitträger wechselte.